立人天地

如何品酒

HOW TO DRINK A GLASS OF WINE

【新西兰】约翰·萨克尔◎著

潘宗悦◎译

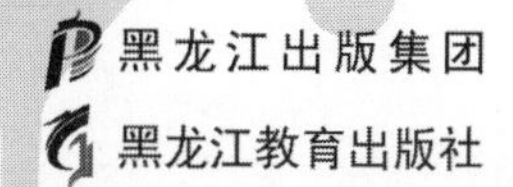

版权登记号：08-2017-058

图书在版编目（CIP）数据

如何品酒 /（新西兰）约翰·萨克尔（John Saker）著；
潘宗悦译 . -- 哈尔滨：黑龙江教育出版社，2017.4
（乐活）
ISBN 978-7-5316-9196-9

Ⅰ. ①如… Ⅱ. ①约… ②潘… Ⅲ. ①葡萄酒 - 品酒 - 基本知识
Ⅳ. ① TS262.6

中国版本图书馆 CIP 数据核字（2017）第 084149 号

First edition published in 2005, reprinted in 2006, second edition published in 2014 by Awa Press, Level Three, 11 Vivian Street, Wellington, New Zealand
The simplified Chinese translation rights arranged through Rightol Media
（本书中文简体版权经由锐拓传媒取得Email:copyright@rightol.com）

乐活：
LEHUO：

如何品酒
RUHE PINJIU

作　　者　［新西兰］约翰·萨克尔（John Saker）
译　　者　潘宗悦
选题策划　吴　迪
责任编辑　宋舒白　杨佳君
装帧设计　Amber Design 琥珀视觉
责任校对　张爱华
营销推广　李珊慧

出版发行　黑龙江教育出版社（哈尔滨市南岗区花园街 158 号）
印　　刷　北京鹏润伟业印刷有限公司
新浪微博　http://weibo.com/longjiaoshe
公众微信　heilongjiangjiaoyu
天 猫 店　https://hljjycbsts.tmall.com
E - mail　heilongjiangjiaoyu@126.com
电　　话　010—64187564

开　　本　880 × 1230　1/32
印　　张　5.25
字　　数　63千
版　　次　2017年6月第1版　2017年6月第1次印刷
书　　号　ISBN 978-7-5316-9196-9
定　　价　32.00元

此书献给我的母亲盖伊·萨克尔（Gay Saker）。

目　录

contents

在一座法国葡萄园中

穷人追求葡萄酒的数量，富人渴望葡萄酒的品质。

——歌德

我只要一抬头，玛丽·特蕾丝的背影便遮住了我的视线。在一队缓缓移动的背影里，玛丽是排头兵，她的背影总是离我越来越远。

普罗旺斯粗大的葡萄藤都趴在地上，想要拉起藤条，把注满果汁的黑紫色小葡萄摘下来，最好的法子是半弓着腰——确切地说，这已经是痛苦最轻的一种姿势了。此时此刻，“累断了腰”是对这项劳作最贴切的形容。如果停下手里的活儿，舒展一下身子，我便能暂时缓解一下难忍的脊椎酸痛。可这样一来，我就会落在大伙儿后面。

玛丽·特蕾丝和她的朋友们在一垄垄的葡萄藤间往前移，就像在散落的谷粒间专心啄食的母鸡。有时她们将我远远甩在身后，我得拼命追赶才能缩小差距，可是这种紧追猛赶也可能招来另一种痛苦——匆忙中，我拿着修枝剪胡乱发力，左手至今还留有割伤的疤痕。

我们这班人马来自南北两个半球：6个新西兰人，分别是3对刚走出大学校门不久的年轻夫妇；其余大多是60—70岁的老太太，她们来自弗莱奥斯（Flayosc）的佩舍村，村庄就在附近，俯视着我们干活的葡萄园中的大片风景。我们每日的劳作随着弗莱奥斯教堂的钟声开始和结束。

玛丽·特蕾丝是弗莱奥斯一带葡萄采摘工中的翘楚。50多年前，她的父亲在死伤无数的凡尔登战役中去世了。经她手采摘的葡萄数量在这一带怕是无人能及。虽说在葡萄园里，玛丽是吃苦耐劳的一把好手，可她看人的眼光却是极其狭隘的。大伙儿对某位公认的法国“文化明珠”津津乐道，玛丽·特蕾丝一句话就能让大家闭嘴：“皮雅芙吗？她就是个妓女。”[1]

尽管眼光狭隘，口无遮拦，但看得出来，玛丽挺喜欢我们这帮年轻人。与其他人相比，她更愿意填补这群人中北半球的老人与南半球的青年之间的代沟。我至今还记得她教过我的几句普罗旺斯方言，其中有一句是“Fa cao I'estiu”，翻译过来的意思大约是：“她真火辣。”

午间休息时，大伙儿会停下手里的活儿去吃午餐。在凉爽的小石屋里，十几个人围靠在未经打磨的桌子边。我们通常自备食物，有夹着粗红肠的法棍面包、法式蒜味香肠或者卡蒙伯尔干酪。偶尔，桌上那只巨大的碗里还会出现自家种的鹰嘴豆。大家依据喜好加入洋葱粒、土豆、酸黄瓜和煮鸡蛋，再淋上满满一层橄榄油，就能开吃了。

午餐当然要喝酒。怎么喝？我们“咕咚咕咚”地

---

① 艾迪特·皮雅芙（Edith Piaf, 1915—1963），出生于法国巴黎的歌手，曾在巴黎的一家妓院中生活过一段时间。——译者注

大口喝着一年前酿造的红葡萄酒，酿酒的葡萄就来自我们采摘的葡萄园，有歌海娜（Grenache）、佳丽酿（Carignan）、神索（Cinsault）、西拉（Syrah）。整个法国南部沿海地区布满了这些高产的品种，将它们随意混合在一起就酿出了我们喝的这种葡萄酒。这种酒一般只有11度，度数轻，口感纯，稍加冰镇之后味道更佳。大伙儿拿着大平底玻璃杯灌酒，却毫无醉意。

我们从不放过任何一个喝酒的理由：振奋精神来一杯；增添滋味来一杯——食物单调，酒就成了不可或缺的搭配；而寻求酒精刺激时，还要来一杯。红酒减轻了身体的酸痛，振奋了大家的士气，让我们有勇气面对接下来炎热而漫长的下午。酒让我们干劲倍增，我曾惊叹于自己午餐后采摘葡萄的那股猛劲。那时的我并没有意识到，酒精在我的肝脏里被转换成燃料，迅速进入我的血管，一点就会燃烧。

我们开怀畅饮，知道桌上的酒瓶就像无底洞，葡萄酒似乎比水还不值钱。在这里，酒和面包一样，有每天必须摄取的营养，受人尊重却很少被谈起。它只是“vin”（法语：葡萄酒），一个不起眼的单音节词，没有附加任何酒庄的名字，仅此而已。

此后的人生里，我再没有像26年前在葡萄园的那几天里一样酣畅淋漓地喝过葡萄酒。

时光流转，20多年之后，惠灵顿的一间酒窖里人声鼎沸。博若莱葡萄酒酒窖（The Beaujolas Wine Bar）里挤满了前来参加“品酒之夜”的人，该活动定期举办，欢闹有趣。酒窖一面墙上挂着法国国旗，一面墙上挂着新西兰本国红、白、蓝三色国旗，昭示了酒窖经理安德鲁·帕金森为“品酒之夜”确立的主题——法国对新西兰：不拼橄榄球，只拼葡萄酒。

同一年份、同一品种的葡萄酒一对一地被摆了出来，供我们盲品。马尔堡（Marlborough）的长相思（Sauvignon Blanc）比肩桑塞尔（Sancerre）的普伊芙美（Pouilly Fumé），库妙河（Kumeu River）的霞多丽（Chardonnay）对阵勃艮第（Burgundy）的白葡萄酒，成双成对的美酒不胜枚举。安德鲁竭尽全力将品质相当的酒配对，供人们品鉴。

一群快乐、喧闹的都市人相聚一堂。他们醉心于葡萄酒，钟情于品尝美酒、享受美酒、品评美酒。每次品酒都能增长见识。当然，除了葡萄酒，其他任何原因也都能让这群人相聚在一起。

我们用国际标准品酒杯品鉴每种葡萄酒，这种小巧的酒杯造型如同一朵含苞待放的郁金香。大家做好记录，分别从1—20为每款酒打出分数。安德鲁一本正经的橄榄球术语让大家开怀大笑："准备迎接第一轮交锋吧，马尔堡生产的白葡萄酒对阵一家大型香槟园的佳酿，冲啊！"

尽管在经济上新西兰不敌法国，但那晚的比赛两者却打成了平手。结果并不重要，一瓶瓶酒揭去面纱后，人们很快将比赛结果抛诸脑后，往杯子里斟上各自最爱的一款酒[我的最爱是圣埃斯泰夫产区（St Estephe）1997年份的一款四级波尔多（Bordeaux）红葡萄酒]，在谈笑风生中度过了余下的夜晚。

这便是我葡萄酒爱好者生涯中发生的两段小插曲，此刻一同提及，对我来说均意义非凡。两者之间隔着20多年的成年时光，发生在两个半球。这种时空的间隔就如同星球的公转。

1979年，也就是我在弗莱奥斯的葡萄园干活的那年，葡萄酒世界进入了一段动荡的时期。5年前，长相思葡萄藤首次在新西兰的土地上被种植，葡萄酒界一股虽小却强劲的全球势力产生了。自此，葡萄酒世界一分为二：旧与新；欧洲与其他地方。前者墨守成规，疲惫不堪；后者创意十足、灵活多变、跃跃欲试。

那时的我还是个不谙世事的小伙子，来自一个喝着冷鸭酒[1]、克雷斯塔·多雷(Cresta Doré)果味起泡酒——当然，还有啤酒——的国度，并未清楚这场变革的潮流。我觉得身处法国的自己沉浸在恒久的法式饮酒品位之中，理所当然地认为自己接触的是古老的葡萄酒文化。然而，那只是具有欺骗性的表象。事实是：当时的我处在法国葡萄酒文化最廉价、最低级同时也岌岌可危的角落。法国的饮酒习惯正发生着改变。我们劳动阶层“一天喝一升甚至更多廉价酒”的习惯已成往事，我们帮忙酿造的葡萄酒同样如此。法国那似乎根深蒂固、不可动摇的饮酒习惯亦面临着威胁。

我们干过活的大部分葡萄园大约建立于100年前。它们为当时法国新兴的工人阶级提供廉价的葡萄酒，进而为他们惨淡的生活增添一丝乐趣。需求量和利润决定了酒的配方，诸如佳丽酿之类的葡萄

---

① 冷鸭酒（Cold Duck），一种用发泡葡萄酒和香槟调成的饮料。——译者注

酒满足了人们的需求。在新的铁路系统上，一路北上的葡萄酒都被穷苦大众消费了，他们中既有在巴黎和东北部地区谋生的工人，也有在西线作战的士兵。过去，一个工人一天喝下6升酒不是什么稀罕事儿。玛丽曾告诉我，在第一次世界大战期间，法国士兵1升容量的水壶里常常装着南方酿造的廉价红酒。可怜的士兵们总是不顾一切地想要多喝上两口，有人便想出了在水壶里装豆子的法子。豆子吸水膨胀，撑大了薄薄的金属水壶，士兵们便能多装大约0.25升的酒，用来麻痹自己的神经。

20世纪下半叶，工厂倒闭与失业如同一场瘟疫，席卷了法国。嗜酒的劳动阶层的衰亡使廉价葡萄酒的需求量大减。与此同时，一群由银行职员、精品店店主、公务员和雷诺汽车公司销售代表组成的中产阶级正迅速成长起来，他们可没兴趣在由环境肮脏的生产合作社酿造的低质葡萄酒里醉生梦死。吸引他们的是小批量生产的品质上乘的瓶装酒。

1980—1996年，法国葡萄酒人均年消费量从91升下降到60升，而在20世纪50年代时，这一数字曾接近135升。

1979年，弗莱奥斯葡萄酒生产合作社已无法将酿造的葡萄酒都卖出去了。我不能说卖不完的酒不能送人，因为他们确实这么做了。除了工钱，我们每人每天分到了两升酒。我们欣然接受了这一做法，与其说是认为这样对自己有利，倒不如说是出于对葡萄酒的热爱。有时早晨上工前，大伙儿都一副宿醉的窘态。看到我们那副模样，玛丽会严厉地命令我们："拿欧百里香泡茶喝下去！"她教我们的是普罗旺斯当地治疗宿醉的老法子。

在那个年代，欧洲经济联盟仍会买入过剩的葡萄酒，把其中一大部分制成工业酒精，剩下的便倒掉。生产合作社并不负责市场营销，它的营销概念仅限于在酒窖的门上钉一块写有开放时间的指示牌。即便如此，我们也常常能看见人们无奈地耸着肩，发出对前景悲观的感叹。那时，邻近的朗格多克-鲁西永（Languedoc-Roussillon）产区已有葡萄藤被连根拔掉了。

在普罗旺斯那年的年底，我和一起干活的一位葡萄采摘工结婚了。玛丽送给我们的结婚礼物是弗莱奥斯生产的葡萄酒，我们带了几瓶前往伦敦。在几个月后的一个阳光明媚的下午，我与几个朋友在汉普斯特德公园（Hampstead Heath）野餐时开了一瓶玛丽送的酒。那酒喝起来口感单薄、苦涩，总之糟糕极了。当时的我真没弄明白，过去是如何喝下那么多这种酒的。如今我终于明白，苦涩的生活与苦涩的酒倒是挺般配的。

20世纪80年代早期，我们回到了新西兰，在那里，葡萄酒行业的命运正朝着与欧洲相反的方向发展。过去一个世纪，新西兰的葡萄酒行业虽经历了充满希望的萌芽阶段，却没有取得实质性的突破，如今，它终于起飞了。全球葡萄酒行业的秩序正在发生变化，长相思在新西兰的成功栽培使我们得以参与到这场变革中。

美国加州引领着葡萄酒新世界的崛起。在参加惠灵顿的葡萄酒品鉴会之前，我就与一群法国评审参加过1976年在巴黎举办的一场著名的葡萄酒品鉴会，那场比赛正是加州对阵法国。美国人摆上了他们最好的卡本内（cabernet）红葡萄酒和霞多丽白葡萄酒，法国人则拿出了梅多克产区（Medoc）列级酒庄的红葡萄酒和顶级的勃艮第白葡萄酒，所有参赛佳酿均由评审盲品。结果，无论是红葡萄酒还是白葡萄酒，评审们绝大多数选择了加州的产品。尽管高卢人不服气地嘟囔着比赛的结果，但这并不能阻挡这个事实传播开来：高品质葡萄酒已不再由欧洲独有。

19世纪80年代，澳大利亚、新西兰、南非、智利以及阿根廷纷纷加入加州的行列，这些产区酿造的新葡萄酒都散发着浓郁的果香，新鲜爽口，物美价廉。对于那些身处伦敦、芝加哥、悉尼和惠灵顿这类大都市而足迹遍布世界的年轻一代来说，这些葡萄酒的口感以及容易识别的商标简直就是为他们量身打造的。

想要撼动香槟区、波尔多和勃艮第的大品牌绝非易事，而欧盟的补贴也在继续支持着南部主要的葡萄酒生产商，例如弗莱奥斯葡萄酒合作社。但是，2003年的一份数据却不容忽视：该年度英国境内销售的澳大利亚葡萄酒数量超过了法国葡萄酒。换句话说，法国已被挤下它占领了几个世纪的宝座。

我最近一次去弗莱奥斯是在几年前，那时葡萄园的数量已明显减少。欧盟的发展目标已开始损害葡萄园的发展，拒绝廉价葡萄酒的中产阶级购买原本种植葡萄的土地，在上面盖起了别墅。但合作社仍在经营。普罗旺斯比朗格多克-鲁西永要幸运，因为相比之下，前者出产的葡萄酒形象略微高端一些，并且普罗旺斯玫瑰葡萄酒（rosé）也已成为受欢迎的品牌。然而，根本的问题并没有得到解决。如今，世界范围内的葡萄酒产量日益过剩，并且都是弗莱奥斯葡萄酒这类的低端产品。

玛丽·特蕾丝已经去世了。我想她走得很从容，兴许她还会告诉大伙儿，自己正想与葡萄酒行业一起告终。此刻，我不禁脑补，若是告诉她我正在写一本名为《如何品酒》的书，她那张饱经风霜、神情质朴的大脸庞上会呈现出什么样的表情。我想，她一定会仰起头，“哈哈”笑个不停吧。

缠绕的葡萄藤

诺亚做起农夫来，栽种了一座葡萄园。

——《创世纪》，9:20

结着酿酒葡萄的藤蔓属于葡萄属种，它是一个来自北半球耐寒、落叶的攀缘植物属种。这个大家庭的成员分布广泛，仅在北美就有约20位表亲。大家外表相似，但果实最为甜美多汁的当属欧亚葡萄（Vitis vinifera）。

欧亚葡萄的发源地似乎是沿里海内陆向东延伸的崎岖的温带地区，如今那片区域位于亚美尼亚和格鲁吉亚边境之间。考古者曾在格鲁吉亚发现一些古代的葡萄种子，经碳—14测定法测定，这些种子大约来自公元前7000—前5000年。这清楚地表明，格鲁吉亚拥有悠久的葡萄栽培历史。

《圣经》里的神话故事和文字都证明，该地区是葡萄的发源地。《创世纪》中认定，世界上第一位酿酒师就是诺亚（当然，他也拥有了人类第一次尴尬的醉酒经历），当载有各种动物的挪亚方舟停靠在亚美尼亚的最高峰——亚拉拉特山后不久，方舟的制造者便动手开垦自己的葡萄园。可以说，世界上很多语言（包括英语）中的“葡萄酒”一词都起源于古格鲁吉亚语的“ghvino”一词。

说到底，葡萄酒其实就是优质酿酒葡萄的果汁变质后的产物。葡萄是最甜的水果之一，一颗成熟葡萄的含糖量高达25%，而高糖分的果汁特别容易发酵。在发酵的过程中，糖分在酵母的催化下转变为酒精，释放出热量和二氧化碳。（如果你期待在此处看到化学方程式的话，那你可就选错书了。）弄破葡萄的果皮之后，发酵的过程便会自然而迅速地产生，令甘甜爽口的葡萄汁变得又浓又酸。

整个过程听起来很简单，实际上也确实如此。试想，在远古时代，一个容器里盛满葡萄，最底层的葡萄受到挤压，流出的果汁随着时间的推移开始发酵。待发酵完成之后，容器底部晃动的液体便有可能是人类品尝到的第一口葡萄酒。

自那时起，我们就想方设法尽量将发酵的过程复杂化。与此同时，我们还大大提升了成品的品质。

如今，葡萄酒的酿造分为两个部分：首先是葡萄栽培，即栽培可供酿酒的葡萄；其次是酿酒，在葡萄采摘完成之后，这道工序在酿酒厂完成。在大型葡萄酒企业里，每个环节都由一名专家负责；而在小型的葡萄酒企业中，葡萄栽培师和酿酒师往往是同一个人。

栽培师们在圈起来的土地上挖出一个个深洞，用以判断脚下的土壤属于哪种类型。他们探察洞里的土壤，有时甚至钻进洞里，然后没完没了地分析和讨论。他们会研究温度情况、降水情况以及日照时间，只为选定一处合适的地点。

一旦地点确定，栽培师们便要做出一系列的决策。首先便是选定葡萄藤的品种以及该品种中最适合在此地栽培的葡萄。在葡萄酒行业中，这一过程被称作无性繁殖选择（clonal selection）。

接下来，栽培师们要决定葡萄藤的间距以及采用何种棚架。他们还要打电话咨询药物喷洒、疾病预防、灌溉以及叶冠修剪等事宜，必要时还要疏果，即摘掉一部分未成熟的果实以提升剩余果实的品质。与大部分园艺工艺一样，葡萄的栽培原则是少而精。

葡萄成熟后，栽培师还要防止果实受到鸟类的大规模破坏。新西兰的鸟格外贪婪，21世纪用来驱赶鸟类的手段有霰弹猎枪、瓦斯炮以及最常见的捕鸟网。我在新西兰北岛的吉斯伯恩遇见的一位栽培师用了一个更省钱的方法。他在葡萄园四周放上兔子的尸体，引来了喜欢腐肉的大型鹰鹫，从而使椋鸟和乌鸦不敢靠近葡萄园。椋鸟的威胁力特别大，一只椋鸟一天能毁掉60—80颗葡萄。

具有讽刺意味的是，大自然最初创造这种甜甜的深色浆果的本意可能就是为了吸引鸟类。有了鸟类的传播，葡萄这一物种才得以存活数百万年。

当然，还有气候，它能在救世主和刽子手的身份之间随意切换。阳光是葡萄能否成熟的关键。伽利略曾将葡萄酒形容为“水中凝结的阳光”。不合时宜的霜冻和降水能将葡萄尽毁。

秋天是葡萄生长最关键的季节。若是日照不足的夏季打乱了葡萄的成熟周期，那么，一个气候理想的金秋便能让一切重回轨道。新西兰温和宜人、天高气爽的秋季对其葡萄酒行业的成功产生了巨大的作用。新西兰的秋天拉长了葡萄的成熟期，使其更适合葡萄的培育，并为葡萄的芳香、风味和酸度的控制提供了理想条件。葡萄在炎热的气候中更容易成熟，但这样一来，酿出的酒口感平淡、酸度不够。如果说栽培酿酒葡萄仅仅有炙热的阳光就足够，那么，阿尔及利亚这样的国家就能酿出地球上最好的葡萄酒了。

气候理想的秋季还能让生产商选择最合适的时机采摘葡萄。每当收获的时节来临，他们便会眯着眼睛，提心吊胆地盯着天空——皆因一场倾盆大雨会打烂成熟的果实，使其更易腐烂。

“好酒是葡萄园制造的。”在任何一家注重声誉的酿酒厂都能听到这一酿酒信条。如同演员拿到了剧本，酿酒师要用手里的葡萄尝试酿造出美妙的东西。葡萄的品质是关键，如果一个优秀的酿酒师拿到了上乘的葡萄，那么，酿出好酒便是水到渠成的事。这就像英国男演员劳伦斯·奥利弗能够再现哈姆雷特一样，酿酒师要做的只是展现葡萄原有的美妙风味。如果葡萄在生长过程中遭遇了恶劣的气候，那么，酿酒师的手艺和技术就显得至关重要了。坏年份才能检验一位酿酒师的本领。

放眼望去，如今的酿酒厂里都是不锈钢设备。若不是空气中弥漫着浓重的果汁发酵后产生的酒精味，它们会被误认作乳品厂。大部分情况下，用机器压榨出的葡萄汁会被倒进闪闪发光的大桶里发酵。若要酿造红葡萄酒，果汁里还会加入葡萄皮（有时还有葡萄梗）来增添酒的颜色、特殊口感和单宁。如果红葡萄的果汁中不加入葡萄皮，酿造出的便是玫瑰葡萄酒，甚至是白葡萄酒。

单宁使红葡萄酒的口感更加丰富。酒中带来收敛感和苦涩味的物质并不能直接品尝出来，而要靠我们的口腔去感知。我们常常从红酒中喝出的紧缩、干涩的口感正是由这些物质造成的。不同葡萄酒的单宁形状和大小各不相同，你会从葡萄酒爱好者的口中听到“单宁粗糙、单宁柔和、单宁成熟、单宁不成熟”的描述。单宁是看不见的，除非它们随着时间的推移从酒体中脱离出来，成为沉淀物。

如今，欧洲仍有几个酒庄在用人工脚踩的方式压榨葡萄。尽管葡萄牙的杜罗河谷（Douro Valley）在酿造波尔特（port）葡萄酒时为这一传统酿酒法注入了新的活力，但从20世纪60年代劳动力枯竭时起，人工脚踩的做法就开始减少了。除了场面极具戏剧效果之外，踩皮法还能保持葡萄籽的完整，而破碎的葡萄籽会释放出令人不悦的味道。

古老的非机器酿酒法可没那么容易消失。几年前在马丁堡时，我在干河酒庄（Dry River）的主人尼尔·麦卡勒姆的邀请下，跳入一只发酵黑皮诺的大桶里体验踩皮。法国人称之为“pigeage”，即将葡萄酒表面由葡萄皮和葡萄梗结成的酒帽踩碎，压入酒液。这一做法是为了让酒液与皮渣充分接触，从而得到丰富的口感。尽管很多现代工具和设备已经能够完成这项工作，但绝非麦卡勒姆一人认为，没有哪样设备能比得上人类柔嫩光滑的双脚。12世纪，勃艮第地区西多会的修道士们就是用这种方法酿酒的。

如果有机会当一回“pigeagist”（踩皮工——如果真有这样一个词的话），别犹豫，立刻跳进桶里吧。果酱一般的酒液包裹着你的双腿，紧贴你的皮肤，此时的酒液温度达到32℃，温暖舒适，那感觉真是奇妙极了。“发酵”其实就是“煮沸”，二氧化碳气泡不断冲破酒液表面，你能感受到发酵过程中释放的能量和翻滚的热流。

二氧化碳亦会给人带来危险：在勃艮第地区，酒窖里的踩皮工因缺氧晕倒、溺亡在发酵桶里的事件时有耳闻。尼尔·麦卡勒姆的发酵桶是置于户外的，能保证我获得充足的氧气。如果此刻你在担心卫生问题，那就请放心吧，发酵的过程不利于病菌的滋生。

我曾参与踩皮工作的这款葡萄酒是1999年份的干河黑皮诺红葡萄酒。无论何时品尝到这款酒，我都认为它为踩皮法做了个绝妙的广告。

通常情况下，发酵的过程会持续到所有的糖分都耗尽。对大部分红葡萄酒来说，该过程会耗时一周左右，而有些白葡萄需要的时间还要长得多。有时酵母会因酒精浓度的上升而失去活性，发酵过程自动终止。其他情况下，酿酒师会根据打算酿制的酒的品类终止发酵过程，保留一些剩余的糖分。人们常误认为葡萄的品种决定了葡萄酒的甜度。事实上，任何一种葡萄都可以用来酿造干葡萄酒或甜葡萄酒。

完成发酵的酒液此时已被装在罐子里，等待进一步熟成。其味道尝起来就像——好吧，就像变味的优质葡萄汁。至此，所有的主要成分已具备，只是尚缺葡萄酒的优雅与和谐。接下来要做的是让所有的成分沉淀下来，相互融合，再加上一些特别的效果。

让葡萄酒进一步熟成的手段和方法有很多，酿酒师会根据每款酒的颜色和风格进行选择。也许此时最有助于变化产生的是橡木。葡萄酒与橡树结缘可追溯到近2 000年前，被征服的高卢人开始用铁圈将一根根橡木棍箍紧，制成容器，将他们的葡萄酒运往罗马。公元前3世纪，罗马人对葡萄酒的钟爱与日俱增。从那时起，橡木桶的结构几乎就没有发生过变化。

双手和强壮的脊背依然是制造橡木桶的关键工具，发生变化的只是橡木桶的用途。橡木桶的价值不再体现在可以轻松地在五桨帆船的踏板上滚上滚下，而在于它所能传递给葡萄酒的香味和构造。对任何一款期望成为主打佳酿的红葡萄酒来说，酒液在橡木桶里培养的时间是成功的关键。而对白葡萄酒而言，橡木桶主要用于酿造霞多丽，偶尔也用于酿造灰皮诺（Pinot Gris）和长相思。

就口感来说，橡木桶会增加葡萄酒的甜味。当今世界上两大橡木桶来源地是法国和美国。也许正如你预想的那样，与法国橡木桶相比，大部分美国橡木桶使酒增添更明显的香甜味，其中主要是椰子和香草的味道。这一特点使其成为许多澳大利亚葡萄酒生产商的最爱，他们认为它可以使西拉和其他强劲的红葡萄酒的口感更加圆润。法国橡木桶传递出的淡淡辛辣和雪松味，是众多波尔多混酿和勃艮第葡萄酒的关键成分。

在这个森林遭受砍伐的星球上，特别值得一提的是，法国和欧洲其他地方仍有大量百年橡树，排队等着被制成酒桶，从而获得新生。这一情况部分要归功于17世纪法国政府的环境政策。当时，法国政府对造船业橡木供应不足的担忧促使其开展了大规模的再植工程。目前，法国每年生产大约20万只橡木桶，可以轻松满足全球日益增长的需求。

法国的制桶工日子过得很滋润。一个228升的勃艮第橡木桶要花费新西兰葡萄酒生产商1200—1400新西兰元。这只桶只能装300瓶分量的葡萄酒，在酿酒厂的使用寿命大约为5年。凭借橡木桶，法国从这些后起之秀的手中扳回了一成。

生产商可以耍些花招来削减橡木桶的巨大开支，其中就包括用橡木片代替橡木桶。这一做法主要被大型生产商采用。小型的手工生产商将这种成袋的橡木片讽刺为“微型橡木桶”，这些橡木片像巨型茶包一样，被浸入装有发酵酒液的酒罐中。除了能传递橡木的香味，这种替代品不具备任何其他“木桶熟成”的优点。使用橡木片在世界上大部分地区中是违法的，但即使用了，生产商们也可以避而不谈。用霞多丽和西拉酿造的一些即饮型的便宜葡萄酒可能会在酿造过程中使用橡木片，但这些酒的商标上只是含糊地标有“橡木酿造”的字样。

在酒装瓶之前，还有一些重要的收尾工作要完成。主要是去除固体杂物，比如死酵母、果皮、果梗，接着是将酒澄清，避免混浊。第一次听说有一种传统的“净化剂”可以用来澄清葡萄酒，使其口感更加柔和清纯时，我与大部分饮酒人士一样，吓了一跳。蛋清和牛奶我尚能接受，但干牛血和鱼鳔之类的美食就另当别论了。当然，最终只会有微量的净化剂残留在成品酒中，一些净化剂要么不合法，要么不受欢迎。

如果不得不使用几个不同的葡萄品种和批次来酿造同一款酒，那混酿便成了必不可少的步骤。许多酿酒师都会告诉你，他们别提有多享受这个过程了。突然间，他们不再是葡萄种植者或者酿酒厂经理，而只是敏锐的鼻子和口腔。通过品尝和评估不同的混酿，酿酒师能控制最后成品酒的口感。最后，他们从上帝手里夺过了对葡萄酒的决定权。

品酒的奥秘

深层次享受葡萄酒的艺术并不复杂，但需要学习。

——英国著名酒评家，

休·约翰逊（Hugh Johnson）

品味一杯葡萄酒的技巧值得掌握，就像你站上板球比赛的击球线之前要掌握击球的要领一样。品酒，仅凭出众的本能是远远不够的。

在开始讨论怎样品酒之前，先让我们稍稍偏离一下主题，聊聊“喝”这个动词。这是个典型的表示行动的词语，既不张扬，也不悦耳。毫无疑问，你对一杯葡萄酒采取的行动（或者应该采取的行动）就是“喝”。但这个词并不精确，婴儿喝奶用“喝”，我的车加油也用“喝”——它可是个专“喝”91号无铅汽油的“油老虎”。

就这两件事而言，重要的是补充必需的能量，“喝下”只是一种迫不得已的行为。

在弗莱奥斯时，我和朋友们“喝”过葡萄酒。但从本章开始，本书中讲的“喝葡萄酒”将指一项更有选择性的行为。饮酒王国包括“品尝”“探究”与最重要的“享受”等行为，这才是我们讨论的重点所在。事实上，我考虑在这三个动词中挑一个用在书名里，我甚至想过用“消费”一词，这是众多葡萄酒人士最常用的一个词。虽然“喝”的含义宏大、广泛，且不失快活与滑稽色彩，但上面三个词都与“喝”一样，无法涵盖品酒中涉及的丰富内涵。

《憨豆先生》中有一集是我们全家最喜欢看的。不堪社交之累的非正统派男主角独自在餐厅喝酒，欣赏完自己写给自己的生日卡片后，他点了葡萄酒。服务生倒出一点让他先品尝，他看了看，闻了闻，在把酒杯送到唇边之前还听了听。憨豆先生噘着嘴，表情怪怪的、痴痴的，把杯子里的酒在一只耳边摇了摇，又换到另一只耳边。

无论是在家中还是在餐厅里，只要我在品酒，孩子们就会模仿憨豆先生，动作夸张地拿起酒杯听上一番。尽管在孩子们眼中憨豆先生是个傻瓜，但他的举动提出了一个问题：要品尝一杯葡萄酒，在最夸张的情况下，要调动多少种感官功能才行？

答案是四种：视觉、嗅觉、触觉和味觉。但除此之外，你也可以进行其他任何尝试，比如憨豆先生就创造性地使用了听觉。

将葡萄酒倒入杯中，但不要超过半杯，因为需要有足够的空间把鼻子凑进去闻。然后将杯子举远点，最好对着白色的背景，再检查酒体。这样的视觉检查出于几个目的。首先是审美需求。葡萄酒的颜色千变万化，本身就十分美丽。一杯折射着光线的葡萄酒就像宝石般熠熠生辉，能让摄影师欲罢不能。

从颜色也能判断出葡萄酒的类型和年份。在红葡萄酒里，酒体较轻的酒要比畅销酒的半透明感更强。年份长的酒，会在酒液边缘呈现明显的砖红色。而对白葡萄酒来说，年份越长，颜色就越接近琥珀色。

不用太在意酒的清澈度。如果你手中的葡萄酒颜色混浊，可能是制造过程中出了差错，也有可能是酿酒师故意没有过滤。许多新西兰黑皮诺酒的颜色都稍显混浊，因为酿酒师们认为过滤会让酒的口感过于单薄。

现在，请摇晃你的酒杯，握住杯脚轻轻旋转。（令人不解的是，男人通常逆时针旋转酒杯，女人则顺时针旋转。如有兴趣，您可以作一番分析。）如同品酒的其他步骤一样，旋转酒杯会显得有些做作。但这个动作与搅拌杯中的茶一样有实际的效果，主要是可以让酒中的芳香混合物释放出来。你还可以从酒杯内壁挂着的“酒泪”来判断一款酒的酒精度。酒泪越黏，流得越慢，说明酒精度越高。

接下来，我们言归正传。葡萄酒鉴赏家有时被人称为“鼻子”，因为鼻子是他们仅次于嘴巴的最重要的鉴酒工具。如果失去了嗅觉，也就基本失去了味觉。（想想你上次头痛伤风时的感觉吧！）这是因为你在用嘴巴品尝食物时，你也在通过鼻腔后部与口腔相连的通道闻到气味。我们能尝到的大部分味道其实来源于嗅觉。人的舌头上有味蕾，但与鼻腔和后鼻腔通道里成千上万不同的味觉感受器相比，它们处理并传送到大脑嗅球（掌管味道的中心）的信息是有限的。

味觉和嗅觉在某些食物上的重叠会比较明显。对我来说，法国山羊奶酪的浓郁味道完美体现了这两种感觉之间模糊的界限。某种程度上，我是用鼻腔品尝奶酪，而喝葡萄酒也是如此。

与很多人的感觉不同，"Bouquet"（酒香）这个词并不是你从某一杯酒中闻到的所有香味。严格来说，它仅指葡萄酒在酿造和存放过程中获得的香味，而葡萄本身散发的香味叫"aromas"（果香）。两者区分起来有些麻烦，但举例来说，一瓶3个月的长相思散发出的主要是果香，而一瓶存放6年的赤霞珠散发出的主要是酒香。

无论是社交聚饮，还是参加品酒活动，在喝酒之前你都应先举起酒杯，聚精会神地闻一闻。一方面是为了感官的愉悦；另一方面是为了发现其中的奥秘。葡萄酒的气味是通往其灵魂的窗户。喝之前闻得越仔细，次数越多，越能体会葡萄酒的差别与复杂程度。在品酒达人的帮助下，你也能学会将闻到的气味描述出来，并开始识别一些特殊的味道。

当然，闻的过程并不一定都是很愉悦的。如果一款酒染上了软木塞污点病，即被软木塞上长出的霉菌所感染，你就会嗅到一股湿松叶或湿纸板的味道。用鼻腔去嗅软木塞，就能判断葡萄酒是否遭到了污染。如果闻起来是软木塞的味道而非酒的香气，那么，瓶中的酒一定被污染了。当然，有了螺旋瓶盖后，酒就很少被污染了。

氧化的白葡萄酒会散发出陈腐的、烤苹果的味道，这是由于酒在酿制的过程中被过分暴露在氧气中造成的。如果闻出了草本的味道，那说明是用未成熟的葡萄酿的酒。有趣的是，用未成熟的新西兰赤霞珠酿出的酒有时闻起来有股大麻的味道。

在崇尚高度数葡萄酒的年代，偶尔也能在酒中捕捉到一种甘醇的酒精味，尽管这并不常见。我曾尝过一款黑皮诺葡萄酒，来自加州的索诺玛县俄罗斯河谷地区的一家著名生产商。这款酒的果香完全被呛人的酒精味掩盖，这可不是好现象。酒的平衡度遭到了严重破坏，入口过于辛辣。

酒的气味还能体现葡萄酒的酿造技术。使用橡木桶能让酒散发出木头及辛辣的气味，而二次发酵，或者用苹果乳酸发酵，会产生黄油和牛奶的气味。

很多葡萄酒透过果香就能让人立刻判断出其品种，一些被称为“芳香型”（aromatics）的白葡萄酒尤为如此。它们散发的浓郁的天然果香，与酿酒师没有任何关系。这一类型的葡萄品种及其标志性的果香如下：

琼瑶浆（Gewürztraminer）（辛香料、荔枝）；

长相思（剪过的青草、难闻的猫尿、热带水果）；

雷司令（Riesling）（鲜花、蜂蜜）；

灰皮诺（苹果、梨、核果）。

在红葡萄酒中，优质的黑皮诺会发出阵阵幽香，令人头晕目眩、情思涌动。

接下来，轮到味觉登场了。让酒液淌过舌面，裹住舌头上的味蕾，就像扑过来的海浪盖住了岸边的岩石。吞咽之前，让酒在口中停留片刻，舌尖轻轻搅动。（注意，我们是在饮酒，不是在吐口水。）

然后，静下来想一想，在心里悄悄问自己：

尝到的味道是否与闻到的一致？舌尖是否感受到了出乎意料的滋味？

酒属于甜型还是干型，或者介于两者之间？

酒的口感是否柔和，或者觉得酒中含有明显的酸的成分？

酒的质地是浓稠还是稀薄？

单宁的作用怎样？

是否因酒精度过高而有灼热感？

酒中的各种成分是否均衡？

吞咽后，是否留有令人感到愉悦、绵长的后味，还是味道瞬间便消失殆尽？

最后也最重要的是，你觉得这款酒好喝吗？

愉悦

亲爱的姑娘，我们有些事还没做，比如在超过38℃的天气里喝1953年份的唐·培里侬香槟王。

——詹姆斯·邦德，《007之金手指》

当你坐下，端起一杯葡萄酒时，你应当听从美国演员乔尔·格雷在电影《歌厅》(*Cabaret*)中的那句台词："把你的烦恼抛在门外，这里的生活多美好。"一杯酒就像人生的休止符，是一场愉快的休憩。相较于借酒寻欢，如果你本就精神松弛，心无牵绊，那便更能体会到这杯酒的美妙。

即使参加一场精心安排、场面豪华、酒品丰富的品酒会，你也无须正襟危坐。没有什么比一桌冷酷沉默的品酒师看上去更荒唐可笑的了。无论在什么场合，葡萄酒都能带来健康与快乐，我们都应该为此而高举酒杯。

葡萄酒就如人一样。即使是在教堂举行神圣的仪式，葡萄酒也能充当将众人聚集在一起的纽带。其作用和人与人之间的交际行为没有区别。

当然，这并不是说喝酒是一件可以独自享受的事，比如我做饭时手边往往有一杯葡萄酒。而是说，与人分享才是最好的享受。

越是好酒，越要与人分享。一个人为自己开一瓶十足的好酒，比如1945年份波尔多拉图尔酒庄（Chateau Latour）出产的葡萄酒，这种做法简直叫人不敢细想。美因分享而更加光彩动人。何况，若是没有酒伴，兴起时一肚子的话又要对谁说呢？

很多人会告诉你，他们喝过的最好的一瓶葡萄酒是与另一个人分享的。葡萄酒是情人之间的酒，因为它能带来柔和的感官享受，能与食物完美地搭配。当然，升腾的酒精也会让人情欲升腾。一瓶酒够两个人各喝三杯，这个量足以让人热血沸腾了。天知道，我们中有多少人，是酒神巴克科斯和爱神厄洛斯在陶醉中联手催生的爱的结晶。此时此刻，我脑海中出现的名字是欧内斯特·海明威的孙女，可怜的好莱坞女星玛歌·海明威。玛歌的名字取自玛歌酒庄（Chateau Margaux），怀上她的那晚，父母喝光了一瓶颇具纪念意义的玛歌酒庄生产的葡萄酒。

请从容啜饮杯中的葡萄酒，它丰富的口感需要细细品味。千万提防饮酒如喝水的家伙。就像吃饭狼吞虎咽的人一样，他们很可能只是些差劲的好酒者，只想要尽快满足自己的胃口。

适当的酒温至关重要。同样一瓶酒，在不同的温度下开启，口感也会不同。在新西兰，人们喜欢喝冰啤酒，很多餐厅便将啤酒与白葡萄酒都放在一个冰箱里。结果，很多原本口感丰富的白葡萄酒被端来时，口感都大打折扣。

大部分红葡萄酒的情况则与此不同。我们常常听说要在室温下饮用红葡萄酒，但是所谓室温，究竟是多少度呢？自从女儿们把中央供暖设施的温度调高后，我家客厅里的温度要比法国酒庄里的温度高好几度，而那里才是“chambré”（法语：室温）这个词诞生的地方。

低温会抑制酒中的芳香和水果味，突出单宁、苦味和橡木味。高温虽使单宁柔和，却让酒精和甜味过强。对起泡葡萄酒来说，温度升高会生成更大的气泡，加快二氧化碳的释放，产生过多的泡沫。此外，高温还会弱化酒的酸度。

关于不同类型葡萄酒的饮用温度，在此提供一些普遍性的建议：

酒体醇厚、口感丰富的红葡萄酒15℃—18℃

口感丰富的干白葡萄酒12℃—16℃

酒体轻盈、口感清爽的红葡萄酒[比如博若莱（Beaujolais）葡萄酒]10℃—12℃

甜型起泡酒和低档红/白葡萄酒、玫瑰葡萄酒8℃—10℃

关于温度，我最后想说的一点是微波加热。有人曾信誓旦旦地对我说，提升红葡萄酒温度的最佳方法，是把酒瓶放进微波炉里加热。我曾试过一回，虽然这个办法并没毁了我的酒，但微波炉转动的每一秒，都让我担心酒瓶会爆炸。我是个守旧派，认为葡萄酒也无法容忍突然的震荡。

拥有合适的酒杯也很重要，尤其是在品尝真正的好酒的时候。说实话，你的妈妈在二手店里喜滋滋淘到的那些做工复杂、形如倒置铃铛的酒杯，只能拿来吃巧克力慕斯。葡萄酒酒杯应当具备几个关键的特征：它要干净，尺寸够大（有足够的空间供香气升腾），清澈透明（这样才能准确判断酒的颜色）。此外，杯子一定要有杯脚（握杯时才不会影响酒温），并且杯口向内收（尽可能地聚集酒的芳香）。

如果你想谨慎行事，不在酒杯上花费过多，那么，国际标准品酒杯是个不错的选择——尽管对于一些特殊场合来说，它的尺寸太小了。

在阶梯的顶端，是昂贵的大师之作醴铎酒杯。

来自奥地利的里德尔家族已经有250年的玻璃器皿（他们称为“高脚器皿”）制造史。现任当家格奥尔格·里德尔已经将为各种酒创制专饮酒杯变成一门科学，并到世界各地推广他们的产品。就像《音乐之声》中的冯·特拉普上校一样，格奥尔格·里德尔认真严谨，外表与言行都与常人不一样。他会和酿酒师们一遍又一遍地讨论酒中的哪些成分需要强化，哪些需要弱化。接着，他会着手设计一款酒杯，确保能将该酒最好的一面展现在人们眼前。比如，我们舌头的边缘是感受酸味的，醴铎制造的长相思酒杯就会让酒入口时避开舌头边缘，尽量减少酸度对口感的影响。

无论出于什么原因，如果不得不喝低档葡萄酒，你可以通过冰镇的方法掩盖酒的缺陷，同时一定要用最普通的酒杯来喝。如果用醴铎酒杯喝被冷落的弗莱奥斯葡萄酒，酒的缺陷将暴露无遗。

食物的搭配也是享受美酒的关键。葡萄酒与食物搭配，口感会发生变化；反之亦然。这是因为人的味觉有“延展性”，任何独特的味道都会影响我们对下一种味道的感知。如果你在海边游泳时喝了一口咸海水，随后你用来冲冷水澡的淡水尝在嘴里会比想象的甜。葡萄酒和食物交替品尝也是如此。举例来说，酸味食物，比如一盘淋了醋的沙拉，会弱化你对搭配饮用的葡萄酒中酸味的感知，使酒的口感更加圆润。

关于“葡萄酒和食物最佳与最差搭配”的文字已经很多，其实这个问题并不值得受到这样的关注。实际上，搭配真无规则可言。那些流传下来的老规矩，比如“白葡萄酒配白肉，红葡萄酒配红肉”，或者法国人最喜欢的“红葡萄酒配奶酪”都显得太过含糊和绝对，并不能提供什么帮助。

自己去探索吧。在我看来，与食物百搭的，也就是人称最佳的，是酒体轻盈、结构均衡、酸度较高的葡萄酒。芳香型白葡萄酒符合上述的全部描述，多款黑皮诺葡萄酒也是如此。

酒体厚重、橡木味浓、单宁强劲的赤霞珠-梅洛和西拉红葡萄酒需要搭配味道浓郁的红肉和炖汤，而它们显然不是日常菜肴。如果不搭配任何食物，这些酒便会在你的胃里翻江倒海。从很多方面来讲，葡萄酒本身就是食物。好几位澳大利亚酿酒师请我品尝过新酿的厚重浓郁、风靡一时的西拉红葡萄酒，他们自豪地说："老兄，杯子里盛的就是牛排和鸡蛋！"

与新西兰葡萄酒一同崛起的还有人们对亚洲菜肴的兴趣。我所居住的惠灵顿有一半以上的餐厅是亚洲餐厅。但这两者的崛起多少有些矛盾，因为葡萄酒的味道和质地很容易被烫口的咖喱羊肉和印尼炒饭覆盖。当食物中加入了大量辛辣的香料时，啤酒通常是最佳搭配。

最后，你应当尝试像一张白纸一样对待每一杯葡萄酒。试着删除你脑海中关于这款酒的任何信息。忘掉它获过多少奖，忘掉酒评家为它打过多少分，忘掉你曾听到的别人对这款酒的看法。最重要的是，忘掉你为它付了多少钱。

你的心中只有眼前这杯葡萄酒。喝吧，让它在你的口中绽放。

味觉的游历

住在这里的大部分客人都不知道波尔多红酒和克拉雷特红酒的区别，但我肯定你懂酒。

——巴兹尔·弗尔蒂（Basil Fawlty），

《弗尔蒂旅馆》（*Fawlty Towers*）

每饮一杯葡萄酒之前，你的舌尖上都积淀着对往日品味过的每一杯酒的记忆。一次次的邂逅凝聚成你味觉体验的基石。喝葡萄酒的次数越多，而且不断尝试新品和不同品类的酒，并加以品评和探究，你的味觉体验就会越深刻、越准确。

品酒之路的一端是常春藤名校开设的葡萄酒大师课程，人们往往为了成为专业品酒师而投入大量的时间和金钱去参与这一课程的学习。品酒之路的另一端是周五晚上办公室里的聚饮，每周喝着不同的酒，在公事和八卦之间交换两句对葡萄酒的看法。

培养自己的味觉体验就像博览群书一样。我们很小就开始接触书本，可能在还是个蜷缩着身子的小婴儿时就接触过《彼得·潘》。阅读的快乐让你惊喜。你会对人诉说你的激动与兴奋，于是他们又向你推荐别的书籍。就这样，你变成了一位读书人。

擅长阅读并不意味着匆匆阅读大量的书籍，而是要去体会一本好书的魅力和意义所在，要去接触大量不同类型的书籍，去学会区别，比如，区别哪些是严肃小说，哪些是轻松的假期读物。在青少年时聚精会神读过的最初的几本严肃小说给人留下的印象永远也不会消失。我至今仍然记得霍尔顿·考尔菲德、杰伊·盖茨比、康妮·查特莱的人物形象，就像几十年前我第一次在纸上与他们邂逅时一样清晰。他们就像一脚踩在了空白的书写板上，给我留下了崭新的感官体验。

我第一次认真品尝过的葡萄酒也给我留下了同样的感受。

喝过多年的葡萄酒之后，便再也没有哪一款酒能轻易让我留下深刻的印象。品尝过那么多的酒，却已将其中的大多数忘却。对于现在的我来说，一款酒就像一本书，只有特别出众的，才能让我几年之后不经提示依然记得其中的每一个细节（可能年龄的增长和记忆的衰退也是一部分原因）。

并非所有人都觉得这是件难事。我曾读到过关于美国鉴酒师罗伯特·帕克惊人的味觉记忆力的记载。在过去的30年里，他每年会品尝1万款葡萄酒，并且能清楚地回忆起每一款酒的口感和气味。

在品酒日记里记录下你对酒的印象能弥补健忘的记忆。如果你一周里要品尝多款酒，并且希望从不断扩充的味觉中获得最大的收益，尽可能地得到更多的经验，那么，写品酒日记就成了必不可少的环节。用语言表述对酒的印象会让你更加专注地去品尝。

随着时间的推移，你会发现，你知道的越多，越不敢下结论。通过大量品尝，我比几年前更能察觉出酒的细微差别和产生原因。可结果却是，我不再毫无顾忌地表达自己的看法了，尤其是在盲品的时候。我喝过的很多皮诺口感像西拉，而很多未用橡木桶酿造的霞多丽尝起来像长相思，于是，我再也不敢轻易下结论。当人们问起英国著名酒商哈里·沃，是否曾错将勃艮第（黑皮诺）葡萄酒认作波尔多（主要是赤霞珠或梅洛）葡萄酒时，他给出了令人难以忘却的回答："从午餐到现在为止还没有。"

与你最喜欢的一本书不同，一瓶酒不能拂去灰尘后再品尝一遍。这便是它自相矛盾的地方：我们一边欣赏那精心构建的美丽与优雅，一边去摧毁它们。酒液滑入食道的那一刻，我们弯弯曲曲的消化系统便开始工作，美好的事物最终变成了污秽的东西。一杯葡萄酒便是一次性的表演。若干被香气、口感、质地围绕的瞬间让我们体会到了另一种境界，然而，这种感觉很快就烟消云散了。这正是优美的艺术形式应该达到的效果。

我与葡萄酒结缘并非始于某个独一无二、闪闪发亮的瞬间，而是一次痛苦的经历。那是1960年，我才4岁。那年我家住在伦敦，夏天有几周的时间，我们在拉罗歇尔附近的雷岛租了一栋挂着绿色百叶窗的白色别墅。浅褐色的沙滩，大西洋的海平线，还有大批每天涌入沙滩的夏令营的孩子，所有这一切都被模糊地定格在了父亲8毫米胶片摄影机的镜头里。此外，他还特别喜欢牛车和外形酷似弗朗索瓦丝·萨冈的腼腆姑娘，总是无所顾忌地进行近距离拍摄。

一天早晨，在沙滩上玩耍时我感到口渴，便回到家里，独自踩在别墅厨房冰凉的瓷砖上，伸手取了一瓶石榴糖浆汁，那是一种用石榴制成的法国提神饮料。当时我的确认为拿到的是这种饮料。饮料瓶子上的商标精心模仿了马戏团的海报，印着彩旗和徽章，与马提尼酒的商标像极了。于是，我懵懵懂懂地给自己倒了烈性马提尼，喝了一大口。那种撕心裂肺的口感仿佛一记重拳击在味蕾上，让我再也难以忘记。

在我成长的过程中始终有葡萄酒的身影，这在20世纪60年代的新西兰并不多见。大多数夜晚，我的父母会分享一瓶麦克威廉酒庄（McWilliams）的巴卡洛酒（Bakano）或者克雷斯塔·多雷果味起泡酒，抑或蒙大拿产的某款葡萄酒。在厨房里，母亲会把葡萄酒倒进刚刚煎过牛排的平底锅里，荡几下，再晃动两圈，接着把锅里的酒都浇到牛排上，我在一旁看得津津有味。

父亲楼下书房的橱柜里收藏着一批好酒，有一阵几乎全是法国酒。十几岁的时候，我常造访他的橱柜，只为欣赏酒瓶上设计和印刷都颇为精美的商标和法文。这些酒瓶是我出生还不算晚的确凿证据。古老的欧洲仍有活力，它在等着我悄悄走入，等着我在长满橡树和菩提树的森林里野餐时向我展现葡萄酒的高贵魅力。我曾一度将那些空酒瓶收藏在房间里。空酒瓶的队伍日益壮大，占了不少空间，于是，在母亲的坚持下，我只收集商标了。

在我17岁那年，父母发现了澳大利亚的红葡萄酒，我也加入了他们的行列。那时的我不仅会偷着去欣赏那些酒瓶，还会偷走整瓶的酒。沙普酒庄（Seppelts）的默斯顿赤红葡萄酒（Moyston Claret）和查拉巴尔红葡萄酒（Chalambar Burgundy），是第一次让我惊喜不已的酒。这两款酒色泽深邃、口感丰富、质地柔软，将口感单薄发涩的新西兰巴克洛酒甩出千里之外。

20世纪70年代中期，我在美国蒙大拿州的一个小镇上靠篮球奖学金读大学，有两年没让自己的葡萄酒品味能力得到发展。蒙大拿州是牛仔文化和皮卡车流行之地，我又是个学生运动员，所以大多数时候我只喝啤酒。红酒会出现在校友返校节的正式晚宴上或者其他类似的场合，通常喝的是一种粉红色的甜葡萄酒，酒瓶上贴着“欧内斯特与胡里奥·盖洛”商标。从那时起，我就再也不喝盖洛的葡萄酒了。也许这一做法有失公允，因为这家公司已经开始生产一些品质极好的酒。然而，如今的盖洛还和过去一样，是一家加州的巨型葡萄酒公司，也是世界上最大的独立葡萄酒生产企业。大约一年前，盖洛帝国将触角伸到了新西兰，买下了马丁堡地区的白天堂酒庄。随着自己葡萄酒世界的扩张，盖洛公司也许同时还在想着如何与人联手。

我从美国搬到法国时，法国的葡萄酒行业正在骤然觉醒。每天我都被超市货架上成排的葡萄酒迷得如痴如醉。根据我的经济能力，只能看看市场上的低端产品，但我的兴趣和胃口却大得很。不甘心只光顾当地酿酒合作社生产的酒，只要一有机会我就要尝尝新：用塑料包扎的6瓶装卢瓦尔地区（Loire）慕斯卡德（Muscadet）极干型葡萄酒；同样来自卢瓦尔河谷但口感更为甘美的武弗雷

（Vouvray）白葡萄酒；阿尔萨斯（Alsatian）的雷司令；塔维尔（Tavel）和普罗旺斯其他产区的口感结实的玫瑰红葡萄酒以及安茹产区（Anjou）口感更圆润、果味更浓重的葡萄酒。

我买得起的红葡萄酒包括罗讷产区（Rhône）的低档酒，还有位于法国西南部的露喜龙产区（Roussillon）、科比埃产区（Corbières）和米内瓦产区（Minervois）生产的葡萄酒。我喜欢上了刚出的波尔多葡萄酒中醋栗的涩味。买酒时，我会货比三家，通过与人交谈来发现那些能够酿出好酒但鲜有人知的酒庄。在一个大家都喜欢葡萄酒的国家，你的动作要快，否则一款物美价廉的葡萄酒一个早上就会从超市的货架上被搬空。

偶尔我也会狠狠心买一瓶勃艮第葡萄酒，但这样的投入不足以跨越该产区高品质酒的门槛。每喝完一瓶买下的酒后，我通常都大失所望。

在学习葡萄酒知识的过程中，一些法国朋友让我受益良多。当我住在佩皮尼昂时，雅克・布赫告诉了我本省最好的小酒庄都位于何处。雅克供职于一家当地的葡萄酒公司“加泰罗尼亚酒业”，是个自豪的加泰罗尼亚人，只要有可能，他的时间大部分都会花在比利牛斯山脉中，打野猪，采松露，摘牛肝菌（一种野生菌类），享受山里的各种乐趣。对于野猪等动物的藏身之处，他一清二楚。雅各的妻子叙泽特和我的妻子一起教授英文，我在他们夫妇二人做的煎蛋卷里第一次尝到了松露。

在普罗旺斯时，弗朗索瓦和马查・古瓦待我们就如家人一般。马查为我们在弗莱奥斯的婚礼做了蛋糕，漂亮的塔形蛋糕上堆满了杏仁和巧克力。弗朗索瓦向我介绍了各种各样的葡萄酒，其中就有清爽、轻盈的克莱雷特起泡酒，这款酒来自弗朗索瓦成长的地方——德龙省。迫切地想要回报弗朗索瓦的慷慨，我买了一瓶20世纪70年代末新西兰霍克海湾生产的价格低廉的卡本内红葡萄酒。令我感到尴尬的是，这款酒散发着杂草的味道，口感苦涩。弗朗索瓦善解人意，拿它与口感强劲的图勒灰葡萄酒作比较，那是一款法国洛林地区图勒镇附近酿造的玫瑰葡萄酒。他想知道霍克海湾的酿酒师是否也在追求那种风格。彼时彼刻，我可不敢说那款新西兰酒具有波尔多红葡萄酒的特征。

听法国孩子讲一口流利的法语，我们刚开始都会觉得他们特别聪明。同样，我们会轻易地认定，每个法国人都是葡萄酒行家。法国人喜欢就葡萄酒展开热烈地讨论，即使缺乏事实依据也毫不在意，这点可能更会加深我们的错觉。这些年来，我之所以学到了很多关于葡萄酒的知识，很重要的一点就是，因为它是那些喋喋不休而又固执己见的人们最热衷的话题。

离开法国前往伦敦之后，我又认识了一些档次更高的法国葡萄酒。说奇怪也不奇怪，这反倒证明了伦敦作为国际葡萄酒交易中心的地位。在回到新西兰之前，我在伦敦小住了一段时日。在伦敦桥附近一家经营不善的酒商“阿尔巴克父子公司”那里，我得到了一份搬运酒桶和酒箱的工作。这家酒商的葡萄酒仓库里杂乱地堆着因搬运不小心（或者并非不小心）而摔烂的葡萄酒箱。管我的工头名叫菲尔，是个红头发的澳大利亚人，他让我自行处理那些撞击之后幸存下来的酒。

每天晚上我都带着一些名为圣爱斯泰夫、圣爱美浓、努依·圣乔治以及热夫雷-香贝丹的葡萄酒回家。我很快发现，一些品质很普通的酒顶着好听的名字在市场上销售，于是在选酒的时候变得更加小心。我学会了挑选那些商标上同时印有酒庄或种植园名字的葡萄酒。与巴兹尔·弗尔蒂说的不一样，我还知道克拉雷就是指生产的红葡萄酒。

我在圣诞节前几天辞掉了这份工作，菲尔给我装上了他能找到的最好的葡萄酒作为告别礼物。谢过他后，我步行前往很远的地铁站。双手抱着各种各样的酒，挎包里也装得满满，就连大衣两侧的深口袋里也插满了酒。我开心地想，如果我现在对朋友们高喊一声“伦敦再见！”应该会挺有效果的。

但是，我太贪心了。夜幕悄悄降临，天空飘起了雪花，伦敦桥才走了一半，我便开始踉踉跄跄。我意识到自己无法把这些酒都背回位于牧人丛街的家里。此时，我看到一位伦敦的流浪汉正蜷缩在大桥一侧的护栏边，我开始把身上的酒一瓶又一瓶地递给他，有波尔多二级葡萄酒、摩泽尔（Mosel）雷司令，还有香槟酒。他把一瓶又一瓶的酒藏进外衣底下，脸上不可思议的表情越来越明显。离开前我说了句:“圣诞快乐！”身上的重量减轻了，心头的快乐却增加了。我想，那个流浪汉也会同样感到快乐吧。

好年份

葡萄酒越陈越好，

年代越久远，

我便越喜欢。

——无名氏

提问：如何品尝一杯420年前的葡萄酒？

回答：需心怀崇敬，且速度要快。

1961年，一小群人相聚伦敦，准备品尝据称是能够给人们带来愉快体验的世界上年份最久远的一瓶葡萄酒。英国葡萄酒作家休·约翰逊正是其中的一位。这瓶酒来自德国，值得一提的是，它产自著名的施泰因葡萄园（Stein vineyard）。这座位于陡峭的斜坡上的葡萄园阳光充裕，就像一座巨大的壁垒矗立在维尔茨堡和美因河边。维尔茨堡是弗兰克尼亚（Franconia）地区巴洛克式的都城。该酒是用西万尼（Sylvaner）酿制的，施泰因葡萄园的大部分土地上都种着这种白葡萄，它也是弗兰克尼亚地区的主打葡萄品种。

很多留传下来的文字都证明，这瓶酒产于1540年左右。那年夏天，德国酷热无比，莱茵河的河水很可能因此大量蒸发，人们可以涉水而过。依照传统，葡萄园将当年最好的葡萄酒装入一个大酒桶中作为纪念。几个世纪过去了，酒桶依然静静地躺在维尔茨堡国王-主教宫的酒窖里。酒桶上镌刻的刻度盘仍在向后人述说着这款当年产量丰硕的美酒的故事。

多年以后，在伦敦，在一个个帝国中，在一片片新大陆上，人们打开酒瓶，将这款酒倒入杯中。"这款1540年施泰因葡萄园酿造的葡萄酒如今仍然生机勃勃。"休·约翰逊在他的《葡萄酒的故事》（*The Story of Wine*）一书中写道，"从来没有任何事物能够如此清晰地向我证明葡萄酒饱含生命的机体。在那个遥远的夏天，阳光将其孕育的鲜活的生存之道注入了酒中。如今，这马德拉白葡萄酒一般的褐色液体中，蕴含的就是那种鲜活的生存之道。它甚至在悄悄地展示着自己的德国血统。趁着尚未被空气氧化，我们每人大约抿了两大口这款已历经400多年岁月的葡萄酒。此时此刻，酒中的魂灵早已离去，酒已纯然化作杯杯酸醋。”

如今，我们被一些日常可见的奇迹包围：科技方面有手机这类的发明，自然界里有蜜蜂酿蜜的景观。然而，几乎没有哪样东西能够像某些葡萄酒那样，经历岁月的洗礼之后，升华为更加深刻、和谐的事物，令人为之痴迷。我应该强调一下“某些”，因为只有小部分精选的葡萄酒有潜力成为陈年佳酿。新西兰卖出的80%的葡萄酒——可能全世界都是如此——在售出后两个小时之内，酒瓶就被打开了。也就是说，绝大部分葡萄酒产出不久就会被喝掉。但人们对陈年葡萄酒的兴趣并没有消失。有迹象显示，私人酒窖的数量正在上升，当然也不缺乏小型酒庄用心酿造法国人称为“vins de garde”（窖藏酒）的陈年佳酿。

葡萄酒将酿造的年份尘封，供后人透过这扇窗向其中窥探。这么做，便有了与时光抗争的意味。这就像成年人与时间进行的一场掰手腕比赛。童年时，人人都有一种幻觉，仿佛世间万物皆亘古不变。长大后，我们才意识到，世间的大部分事物，还有所有的人，都会消逝。世界总是在悄然前行，并最终从我们脚下溜走。而人类，却似乎一直在追寻童年时那慰藉人心的幻觉。

我认识的一些人，在其某个孙辈出生的那年，会买下一两箱霍克海湾生产的口感浓烈、适宜储藏的波尔多混酿，或者西拉酒。如果年份颇好、酿造精良、储藏得当，这些酒便会成为孩子21岁生日时的谈资。

然而，从我最近在澳大利亚的一次经历来看，对于这样充满爱意的举动，我们却无法确定寿星会有什么样的反应。作为一个记者团中的一员，我曾在布朗兄弟酒庄（Brown Brothers winery）做客。该酒庄位于维多利亚州东北部的米拉瓦，拥有悠久的历史。其创始人兄弟在“凯利帮”出现的年代就开始在这片地区酿酒。“凯利帮”著名的最后一战的战场距离酒庄只有几公里。

酒庄富有魅力的首席执行官罗斯·布朗主持了晚宴。主菜结束时，他倾斜酒瓶，倒出了一款神秘的葡萄酒请我们品鉴。很显然，那是一款陈年的红葡萄酒，有人猜出了酿酒的葡萄品种是西拉，但没人说对酒的酿造年份。该酒酿于1967年。

空酒瓶摆到了桌上。这瓶近40年的西拉红葡萄酒如今口感依然非常好。当大家纷纷表示称赞的时候，餐桌的一头却响起了一声惊叫。一家航空杂志的记者约翰说，自己正是出生于1967年。他认为，喝一瓶与自己年龄相同的葡萄酒感觉很“怪异”，并不是什么“愉快的体验”。其中的原因他也很难解释。只要一看到酒瓶上的商标，他就会摇晃着脑袋，嘴里叽里咕噜。

关于葡萄酒是如何熟成的，我们尚有很多不清楚的地方，但可以肯定的一点是，氧气对葡萄酒经年累月的熟成毫无贡献。事实上，氧化也许是瓶装酒的头号杀手。对那些被精心窖藏的瓶装酒来说，其品质的提升是由所谓的“还原”反应造就的。举例来说，一瓶新酿的红葡萄酒发生还原反应之后，原本单薄、紧涩的单宁聚合成更加饱满的结构，使酒的苦味降低，口感变得更加柔和。

时间对葡萄酒颜色和口感的影响会迅速表现出来。新酿造的红葡萄酒颜色会随着时间的推移从红紫色变为砖红色，其中强烈的灼烧味会慢慢淡化。白葡萄酒的颜色则会加深为琥珀色，而且时间越长，香味与口感就会越浓郁。

一款酒的饮用期长短主要由它的结构决定。过了巅峰期的葡萄酒常被形容为“散了架”，其中的水果成分衰萎，口味也常常会变得过酸。与白葡萄酒相比，红葡萄酒的结构更为复杂（主要是因为单宁的存在），这使它们整体上更适宜窖藏，而雷司令、白诗南（Chenin Blanc）（还有武弗雷）之类的白葡萄酒与其他品质上乘的餐后甜酒经窖藏后，口感也会更佳。

成熟饱满的葡萄、丰富的单宁以及适宜的酸度是红葡萄酒具备陈年窖藏能力的关键。高酸度是白葡萄酒陈年窖藏的关键因素之一，也是莱茵高（Rheingau）雷司令和法国白诗南葡萄酒陈年窖藏后如此美妙的原因所在。

经橡木桶熟成的葡萄酒也能长时间窖藏，因为橡木桶会减缓红葡萄酒的发酵过程。

到处都能找到关于葡萄酒饮用期限的提示和专家建议，但实际上，没人知道正确答案。最有资格提出建议的人永远是酿酒师，他们对一款葡萄酒的了解胜过其他任何人。

陈年佳酿让人难以忘怀。它们会在你的舌尖留下持久的余味，仿佛你的味蕾不忍让其离去。在我尝过的酒里，只有少数几款能称得上是陈年佳酿，它们至今依然萦绕在我的心头。

其中两款酒尤为值得一提。一款是1945年生产的泰勒年份波特酒，是我1999年在惠灵顿博若莱葡萄酒酒吧品尝到的。第二次世界大战结束的1945年，正是20世纪酿造的波特和波尔多葡萄酒最好的年份之一。“1945年的泰勒波特酒闻起来像顶级波尔多干红葡萄酒。”我在笔记里对之大加赞美，“其口感宽阔、柔和、散发出淡淡的橡木味。没有腻人的甜味，就像卡本内红葡萄酒一样浓郁深邃，那种滋味让你仿佛置身于天堂。它是美酒中的佳酿，馥郁而不张扬，一层层的香草与水果的芬芳扑鼻而来。”

另一款是1979年份路易亚都红葡萄酒，是我2003年在位于博恩的路易亚都酒庄（Maison Louis Jadot）品尝到的。招待我的是酒庄充满魅力、随性潇洒的首席酿酒师雅克·拉弟埃尔（Jacques

Lardiere）。那时我还从未喝过年份如此久远的黑皮诺（1979年，新西兰几乎还没有黑皮诺这个品种），而且是来自这样的葡萄酒圣地。路易亚都酒庄位于慕西尼产区，那是勃艮第地区的顶级产区，包括香贝丹园（Chambertin）、拉塔希园（La Tache）和罗曼尼-康帝园（Romanee-Conti）。这些酒庄面积都不大，整个慕西尼产区的占地面积只有10.8公顷，而路易亚都酒庄只占其中很小的一块，但是，它们生产的酒被公认为勃艮第地区最好的葡萄酒。

我们那天午餐时喝的那瓶葡萄酒价值超过1万美元。装瓶24年后，它依然散发着馥郁的水果香气，像珍珠一样绽放出柔和的光芒。温和、如丝绸般顺滑的单宁和精美的香料气息包裹着酒液。该酒质地柔顺，酒体的厚度也恰到好处。

在这两款酒的灵魂深处，是一片芬芳馥郁、波澜不惊的静谧。

良好的窖藏条件，尤其是恒定的低温，是葡萄酒完美升华的关键。遗憾的是，我自己的酒窖十分简陋，条件有限，而我也迟迟没有开挖地下坑道来改善酒窖的温度环境。这或许是因为惠灵顿大部分房屋都建在易碎的岩石上，我怀疑自己家房子下的岩石能否禁得起折腾。也或许是因为我第一次亲密接触过的酒窖给我留下了悲伤的记忆，让我迟迟不愿动手。

那是1968年，大家都在说1967年份的蒙大拿品乐塔吉（Pinotage）葡萄酒很特别。父亲对风格独特的红葡萄酒特别钟情，对这款品乐塔吉更是厚爱有加，一口气在陶波市温泉路上的一家葡萄酒小商店里买了6箱。此前，父亲从未真正储藏过任何酒，他觉得我们家在湖边的度假别墅是个开启藏酒经历的好地方。因为在一年的绝大部分时间里，全家并不住在度假别墅中，这多少能帮助我们抵挡诱惑，以免早早地开瓶畅饮。

这6箱品乐塔吉被暂时储藏在楼下的橱柜里，橱柜摆在一个阴暗的角落里，紧靠一道土堤。我聚精会神地看着父亲在经过防腐处理的柜门上装了一个插销，接着又加了一把挂锁。我们仿佛修了一座结实的图坦卡蒙墓穴。

我问父亲何时可以品尝这批美酒，他咧着嘴笑着回答："也许等你姐姐结婚的时候。"我便开始计算还要等多久。凯莉那年17岁，如果她25岁结婚（那正是适婚年龄），我们就得等到1976年。8年时间对当时的我来说可比半辈子还长，似乎永远也等不到那一天的到来。

第二年，我父亲干了一件前所未有的事情，他在那年冬天把度假别墅租了出去。几个年轻的工人来看房子，十分中意它20世纪20年代的风格，于是达成协议，租下了楼上的一层，但楼下的卧室他们不得入内。父亲决定把酒留在那里，并在卧室门上又上了一把挂锁，心想这样肯定安全了。

年中的时候传来了令人担心的消息，姐姐的一位朋友说，自己上周在我们家陶波的度假别墅里参加了一场大派对。接着我们又听到了类似的消息。原来我们的房客是社交达人，他们在私人车道的两旁安装了彩灯，几乎每晚都敞开家门，举办派对。

接下来的那年夏天，我随父亲一起走进别墅楼下的卧室，发现卧室的门被撬开了，橱柜的门也被撬开了，我们的酒窖已是空空如也。72瓶1967年份蒙大拿品乐塔吉被陶波躁动的年轻人喝得精光。父亲尽管垂头丧气，倒也不失淡泊，抛下几句“人是多么的意志薄弱、多么不值得信任”的话后，就出门打网球去了。

一方风土一方酒

在能用金钱买来的所有纯感官享受中，葡萄酒能给人最大的愉悦，获得最多的赞美。

——欧内斯特·海明威

没有哪两杯葡萄酒是一模一样的，即使它们是从一个瓶子里倒出来的。一瓶新开的葡萄酒倒出的第一杯口感通常紧涩、封闭，而一杯在啜饮之间稍加静置的酒口感就会发生变化。随着时间的推移，酒的滋味会渐渐绽放。这一方面是由于葡萄酒在氧气中会快速挥发；另一方面是因为葡萄酒具有善变的本质。变化是葡萄酒的一大特性。

这种变化体现在很多方面。比如，酒的类型就可以明显地分为红葡萄酒和白葡萄酒，无气酒和起泡酒。每个种类之下还可以再进行无穷无尽的细分。没有哪两款相邻年份的酒是一样的。每一片土地都有自己的气候，独特的气候会赋予葡萄酒独特的品质。同样，酒窖的环境也各不相同，同一款酒若存放于不同的酒窖，唤醒后的味道可能完全不像出自同一家门。最重要的是，每位酿酒师都运用了不同的酿酒理念和技术。葡萄酒善变的特性引得著名作家、葡萄酒商人安德烈·西蒙发出了这样的感叹："美酒非类别，佳酿实瓶分。"

所有这些影响葡萄酒生产的环境因素都被浓缩在法语中的"terroir"（风土）一词里。"风土"是个有趣的概念。近年来，法国人对它推崇有加，一方面是因为它能证明法国葡萄酒独具特色——一款酒的特性是由其产地直接决定的；另一方面是因为"风土"在酒的宏观层面与微观层面均发挥着作用：其他地区无法模仿的不仅是勃艮第生产的葡萄酒，还有该地区每座葡萄园独有的特征。

也许你会认为，每一杯葡萄酒都将你与一片独特的葡萄藤相连，而这种想法也的确惬意浪漫，但如今我们消费的大部分葡萄酒并非如此。澳大利亚各大葡萄酒公司对风土的态度是："去你的风土！"杰卡斯（Jacob's Creek）、黄尾袋鼠（Yellowtail）以及其他大品牌均由澳大利亚生产的各种葡萄混在一起酿制而成，包括新西兰在内的其他地方生产的低价葡萄酒，也是如此。想要喝一瓶表现某一特定产区风格的酒，你必须找"独园"（single vineyard）葡萄酒。随着葡萄酒新世界对葡萄园理解的加深及其葡萄酒品类的扩展，这类"独园"酒会越来越多。但"风土"会让购买者稍微增加一点开销。

葡萄的品种也很繁多。最新统计显示，全世界已经有超过1万个不同的葡萄种类，每一种都有其独特的口味印记。我已尝过大约120种葡萄，但这并不意味着在我有生之年还有9 880种需要品尝，因为目前用来酿酒的葡萄定名的只有1 000—1 500种。如今在法国，官方只为200种具有商业价值的葡萄品种指定了名称。

酿酒葡萄通过自身强大的适应能力最终变成一

个品类繁多、品性各异的物种。无论身处怎样的环境，它们都能轻松变异成与环境相适应的新品种。这种无序却迫切想要变身的冲动在某些品种身上体现得尤为明显，并且让人毫无防备。葡萄种植者已经习惯了红葡萄黑皮诺的藤蔓上突然伸出结有白葡萄灰皮诺的分枝。从基因上看，灰皮诺与黑皮诺关系密切。

直到最近，我们仍然是依靠零散的文字和流传久远的故事来追溯葡萄品种的起源，而那些故事的真实性常常让人怀疑。DNA检测技术为这项工作带来了革新，并且已经确定了几个品种之间的亲子关系。比如，长时间以来，人们认为西拉是来自波斯的品种，因为那里有一座同名的城市。一种说法是腓尼基商人把它带到了罗讷河谷；另一种说法是由远征的十字军携回。加州大学戴维斯分校的一个研究团队已经确认，西拉的双亲皆来自法国。一位是来自位于高山地带的萨瓦产区（Savoie）的白梦杜斯（Mondeuse Blanc）；另一位是阿尔代什地区（Ardeche）的传统红葡萄品种杜瑞莎（Dureza）。

在2002年新西兰大选之前，我写了一个专栏，将各党派领袖分别与某款单一品种葡萄酒进行对比。（单一品种葡萄酒是以该酒主要使用的酿酒葡萄品种来命名的。各国对单一品种葡萄的使用量有所不同。因此，尽管单一品种葡萄酒的名字与酿酒葡萄品种相同，但它们其实是两回事。）

我在专栏中写道："共党领袖海伦·克拉克是一款马尔堡长相思——采用精准的酒糟发酵技术，酸度尖锐，醋栗的酸味盖过了百香果的味道。该酒作为新西兰葡萄酒的旗手，在海外颇受欢迎。"与此同时，我将新西兰优先党领袖温斯顿·彼特斯比作"一款霞多丽，该葡萄随处可见，橡木为其增添风味，高酒精含量迎合大众。该酒看似诱人，却口感单一"。

该专栏就以这种口吻写了下去。对于这类文

章，我写起来得心应手，因为每种葡萄都有自己鲜明的个性，就像给政客们画漫画一样简单。只要你嗅一嗅，杯中酿酒葡萄品种的特殊芳香便扑鼻而来，这样一款酒展示的便是所谓的“风格清晰”，或称“个性鲜明”。在新西兰，人们尤为推崇葡萄酒的独特个性。

葡萄品类繁多，而大部分饮酒人士和生产商却只局限于中规中矩的几款。在这些品种中被称为“国际品种”的常见几款，绝大多数来自几个世纪以来公认的全球葡萄酒中心——法国。其中红葡萄以赤霞珠居首，白葡萄以霞多丽领头。除此之外，红葡萄品种还包括：梅洛、黑皮诺、西拉、品丽珠（Cabernet Franc）、桑娇维赛（Sangiovese）；白葡萄品种还包括：长相思、雷司令、琼瑶浆、灰皮诺、维欧尼（Viognier）、麝香葡萄（Muscat）、赛美蓉（Semillon）。

上述品种的葡萄不仅在新世界国家普遍种植，

在众多追求与国际市场同步的旧世界国家亦是如此。比如，保加利亚目前就是全世界第二大赤霞珠生产国。

然而，尽管国际品种在普及度上领先，但在种植量上并非如此。如果你想考别人一个冷知识，不妨试试这个："世界上栽种面积最广的葡萄品种是什么？"答案是："阿依伦"（Airen）。这种葡萄在西班牙的种植面积超过40万公顷。你以前从没听过这种葡萄的原因是它们都被送去了酿酒厂。奥斯本（Osborne）白兰地的主要原料就是阿依伦，西班牙的公路上方赫然耸立的广告牌上便有这只凶狠的公牛的侧影。

多年来，新西兰的酿酒师对那一小批经过市场考验的国际葡萄品种并不满意。不过，情况最近发生了变化。像胡姗（Roussane）、丹魄（Tempranillo）、蒙蒂普尔查诺（Montepulciano）以及华帝露（Verdelho）之类的葡萄开始用于酿酒。但要说起默默无闻的程度，这些品种都不及澳大利亚种植的白羽（Rkatsiteli）和晚红蜜（Saperavi）。旧世界国家的情况更有意思。放眼整个欧洲，各国为了防止区域品种的泯灭而做出了程度有限的抗争。匈牙利就曾多次警告称，卡达卡（Kadarka）葡萄正在减产，这一品种被用来酿造该国著名的混酿红酒“公牛血”。卡达卡是匈牙利最有名的本土红葡萄品种，这种葡萄强劲的单宁曾为公牛血提供了结实的骨架，后来它开始被更易栽培的奥地利品种卡法兰克斯（Kekfrankos）替代。更令人感到恐怖的是，还被口感更好的梅洛替代。

在西班牙北部，米格尔·托雷斯庞大的葡萄酒帝国桃乐丝酒庄（Torres）一直以来经营良好，这使他能将注意力转移到自己钟爱的品种上，用几乎被遗忘的加泰罗尼亚品种珊素（Samso）和加罗（Garro）酿制葡萄酒。在保加利亚，多年来相对被忽视的品种黑露迪（Mavrud）和梅尔尼克（Melnik）也正在重回大家的视野。同时，希腊和克里特岛新一代年轻的酿酒师们已经开始拥抱本土葡萄品种中的佼佼者，比如阿吉提可（Aigortiko）红葡萄和果香馥郁的玛拉格西亚（Malagousia）。所有这些葡萄酒生产商都在试图拯救本国的部分自然遗产，就像新西兰的毛利人、澳大利亚的土著居民、威尔士人以及其他殖民地的少数族裔都将新的活力注入其古老的民族语言中一样。

新西兰没有本土葡萄品种，但几百年后情况也许会发生改变。我在自己的魔法水晶球里见到了在凯库拉山脉的丘陵地带发现的一株野生葡萄藤，经DNA检测，它是长相思的近亲，但是已经变异成一个非常奇特的品种。它会因大家熟悉的麦卢卡树的芬芳而闻名遐迩……

置身于天堂

葡萄酒让人对自己更满意，而非更讨他人喜欢。

——塞缪尔·约翰逊

手捧一杯茶，头上罩着发网，拉上活动百叶窗，伯祖母在向我们介绍住在街尾的那对夫妇时说道：“他们喝酒。”在场的所有成年人都明白这句话的意思。这并不仅仅是说那对夫妇酗酒。这本书的主题词“喝酒”用在这里充满了指责的意味。在伯祖母的眼里，两位邻居犯下了毫无责任感且道德沦丧的罪孽。

我的记忆中还存有另一幅同样的场景：孩提时，我下了钢琴课，沿着提拿可里路往家走，在西部公园旅馆前放缓了脚步，从客人悄悄进出的大门朝里面的酒吧瞟了一眼。我看到了一个神秘世界的一幅静止的图画：喝酒的人都站在那里，戴着帽子，穿着大衣，淹没在烟雾和啤酒的雾气中。

在我成长的过程中，这些场景一定程度上体现了这个国家对酒精的困惑。新西兰皇家海军是全世界最后一支每天向士兵供应一小杯朗姆酒的海军。然而，直到1990年，新西兰人在每届大选时还会就当地是否要实行禁酒的议题进行投票。过去，在人们的心目中，新西兰常常是一副手里捧着酒杯、脸上挂着内疚的傻笑、喝起酒来毫无潇洒可言的形象。

喝吧；喝了；喝醉了。如果任由自己一杯接着一杯地喝，你便会烂醉如泥，或双腿发软，甚至还可以用其他成百上千个形容醉酒的词语来描述，因为葡萄酒本身就是一种刺激性非常强的药剂。

我们这些写葡萄酒的人很少提到酒能醉人，或者大部分人喝酒就是为了寻醉，虽然不至于醉到对着月亮狂叫，但至少是小小地开心一回。然而我们都知道，从古至今，最诱惑饮酒者的，正是这种酩酊的感觉。人类通过服用容易获得的药物来寻求暂时解脱的冲动与其他的不理智行为一样由来已久。

在纽约美食家、作家A.J.利布林看来，这样的行为是生活中不可或缺的。“没有任何理智的人能抵御让人意志衰退的享乐，也没有任何禁欲者是真正理智的人。”他在《两餐之间》（*Between Meals*）一书中写道：“希特勒是个典型的节制饮食的人，当其他德国佬看到他在啤酒馆里只喝水时，就应该知道他不值得信任。”

有时我会暗自思忖，如果葡萄酒不含酒精，那么，写起葡萄酒来就会轻松得多。一方面，我能品尝的种类会更多，喝下去的量也更大；另一方面，别人也不会用一副心照不宣的表情看着我，再抛出一句：“我能为你的研究做点什么吗？”与此同时，我所有关于芳香物质、葡萄特点以及产区细微差别的描述也不再是某些人眼中主题之外愚蠢的旁枝末节了。如此一来，除了给人品尝的愉悦感，葡萄酒再无其他作用了。

若真是那样，我们喝的就不是葡萄酒了。尽管酒里的酒精成分既看不见，味道也的确不好，但它却是将葡萄酒中其他成分结合在一起的基本元素。人们唯一能做的是改变酒精的含量。

葡萄酒的酒精含量一般在8%—15%，但目前大部分葡萄酒的度数都居上限。新西兰产的葡萄酒更是如此。新西兰长时间的日照培育出了高糖分的葡萄，进而使得葡萄酒的酒精含量升高。葡萄酒生产商还会告诉你，消费者喜欢高度数葡萄酒。对市场上某些层次的消费者来说，情况确实如此。然而，生产商还知道，一位葡萄酒大赛的评审需要一次性品尝上百种不同的酒，而酒精会放大酒的体积，使其入口之后更能引起评审的关注。

酒精是发酵的产物，葡萄酒中的酒精是乙醇。其实，所有含酒精饮料中的酒精都是乙醇。人们视之为一种淡淡的、甜甜的、似乎有治疗作用的东西。乙醇一旦进入血管就开始压抑中枢神经系统，带来的结果我们大多数人都很清楚：幸福感产生、压抑得到释放、情绪有所镇定以及包括疼痛感在内的感觉都趋于迟钝（讲到这里，还得再补充一点：性欲提升）。

若过量饮酒，情况就会大为不同。昏睡、失去平衡感以及呕吐纷纷向你袭来，随后还有睡眠质量不佳和宿醉。过量饮酒造成的长期危害更加严重，不仅会损害肝脏和大脑，还会损害其他器官。酗酒还会导致多种癌症、神经和肌肉萎缩、血液疾病、意外受伤以及不孕。

不同的古代文明社会对酗酒的态度各不相同。例如，埃及人似乎根本不把醉酒当成什么坏事。葡萄酒专供法老和上流社会人士饮用。墓穴里描绘宴会的壁画显示出人们纵情畅饮，极少有人出现身体不适。据记载，第十七王朝的一位女性曾这样说道："给我来18杯葡萄酒，你瞧，我就是喜欢醉酒的滋味。"

在希腊，葡萄酒备受推崇，并主要作为麻醉剂使用。柏拉图曾提出过严格的规定，禁止18岁以下的男子饮酒（但他没有提及对女子的规定），并且直到30岁，饮酒都要适度。酒神狄俄尼索斯的狂热信徒们则大胆得多，他们经常不顾一切地追求酒后癫狂的状态。

大约公元前375年，雅典诗人、剧作家欧布洛斯就何为过量饮酒发表过自己的看法："懂节制的人只喝三碗：第一碗促进健康，第二碗提升爱和快乐，第三碗有助睡眠。三碗过后，明智的客人就该起身回家了。若再喝下去，麻烦就来了。第四碗就会引发冲突，第五碗会引起骚动，第六碗会使人酒醉癫狂，第七碗让你撞得鼻青脸肿，第八碗会招来警察，第九碗会导致狂躁暴怒，第十碗则使人陷入彻底疯狂，乱扔家具。"

当时，一只希腊酒碗相当于今天的两个标准单位，看起来这一推测是比较合理的，新西兰饮酒咨询委员会就基本赞同欧布洛斯的观点。不过，该委员会如今还会强调酒精承受力上的性别差异。他们建议，无论何时，男士一周饮酒不能超过21个标准单位，女士不能超过14个标准单位。一瓶750毫升的葡萄酒相当于7个标准单位，因此，一位男士一周最多只能喝3瓶，而女士只能喝2瓶。

该委员会还提出了进一步的指导意见：在任何场合饮酒，男士不能超过6个标准单位，女士不能超过4个标准单位。但要知道，如今大部分葡萄酒酒精含量在14%左右，而上述结论是在酒精含量12%的基础上得出的。

维多利亚时期的英格兰，酗酒造成的破坏曾引发公众的广泛关注，但葡萄酒并不总是让人厌恶。首相威廉·格莱斯顿就公开宣称，喝葡萄酒是明智的选择，它能取代极易上瘾的杜松子酒。他的理由是：葡萄酒可以被血液缓慢匀速地吸收，而烈性酒则会迅速冲进血液，在极短的时间内让血液中的酒精含量大幅攀升。

美妙的口感与食物和谐的搭配以及夸张的药效，构成了葡萄酒的特别之处，因此，葡萄酒享有西方最受欢迎的药物之地位便不足为奇了。

19世纪40年代，法国诗人夏尔·皮埃尔·波德莱尔与一批艺术名人曾短暂地参加过印度大麻俱乐部的聚会，该俱乐部位于巴黎中部的圣路易岛上。波德莱尔钟情美酒，最爱的是莱茵高雷司令，但他也愿意尝尝俱乐部提供的其他“兴奋剂”。在1860年出版《人造天堂》（*Les Paradis Artificiels*）一书时，他可能只吸过几次大麻，却在书中毫不掩饰地将葡萄酒与大麻做了比较。他写道：“葡萄酒能提升人的意志，而大麻却将其摧毁。葡萄酒对身体有益，大麻却是自杀的武器。葡萄酒让人变得善良友好，而大麻令人冷漠孤孤僻。如此说来，前者勤奋努力，后者懒惰散漫。”

波德莱尔还写道：“如果毫不费力就能置身于天堂，那人们为什么还要不辞辛苦去做工、耕耘、写作，去寻求有所收获呢？因为只有劳作者才配喝葡萄酒。”

灵丹妙药

葡萄酒是万药之首，没有酒，才用药。

——《犹太巴比伦法典》

（*The Babylonian Talmud*）

1991年，美国人通过电视了解到欧洲人几个世纪前就知道的一件事。全美黄金时段播出的一档节目讨论了“法国悖论”：法国人吃喝的能力明显太强了……嗯，能一直吃到心满意足为止。然而，他们似乎从不会为此付出患上冠心病或更严重的疾病的代价。该奇迹的创造者被认定为红葡萄酒。

随后，全美掀起了一股前所未有的抢购热潮。各种红葡萄酒都被拿来一试，大部分都不合美国人的胃口。但有一款还不错，那就是用梅洛酿造的红葡萄酒，这种口感柔和的低酸度葡萄为波尔多混酿酒增添了圆润的口感。至此，“梅洛热”诞生了，这种葡萄酒便井喷一般由加州各家葡萄酒生产商制造出来。由此看来，不知有多少美国人的心脏被梅洛葡萄酒拯救。

葡萄酒对健康相对安全，这也是人们钟爱它、并且钟爱时间最为久远的原因。你不会从酒里感染任何病菌，因为没有哪种人类的病原细菌能在葡萄酒的酒精度和酸度下存活。在历史上的不同时期和地方，葡萄酒成了比水更安全的选择。人们常常将葡萄酒掺进水里，让饮水更加安全。

葡萄酒的无菌性使其成为一种有效的消毒剂。生活在罗马帝国全盛时期的外科医生盖仑（公元前200—前120年）发现了葡萄酒的这一功效，并影响了随后15个世纪的医学发展。盖伦在小亚细亚的边境国家帕加马为受伤的角斗士缝伤口时学会了使用葡萄酒消毒。在竞技场的后台，当他遇到角斗士的皮肉被撕裂时，就马上使用葡萄酒。他曾夸口，经他治疗的角斗士都活了下来。当然，一些现代学者对此表示了强烈的质疑。

整个中世纪并且直至19世纪晚期，欧洲所有的医生都经常使用葡萄酒治疗各种疾病。某些被发现疗效显著的葡萄酒更具盛名，比如非常特别的匈牙利托卡伊爱珍霞（Tokaji Essenzcia），这是一款用被葡萄孢菌感染的葡萄酿造的酒。葡萄孢菌（Botrytis cinerea）也称贵腐菌（noble rot），用这种真菌感染过的葡萄能酿造出地球上口感最好、最凝练、也最神秘的葡萄酒。堆放在木桶里的贵腐葡萄受到重力的挤压，流出的少量高甜度的琥珀色液体就成了爱珍霞。这款酒酒精含量低，入口极其黏稠。

从很早开始，整个欧洲便陷入对这款酒的敬畏之中。据说，炼金术士带着尖镐来到这种葡萄生长的托卡伊山，他们认定葡萄藤的根下有黄金。贵腐葡萄酒的稀缺使它更为神秘。贵族们将它当作万能的补药，相信它对身体有众多神奇的恢复作用。它能提高男性性能力的说法流传至今。几年前，我在参观匈牙利葡萄酒产区时发现，爱珍霞和它的表亲托卡伊奥苏（Tokaji Aszu）餐后甜酒有时被称为“匈牙利伟哥”。一位匈牙利酿酒师好心地给我装了一小瓶，我本可以亲自判断一下该传闻的真假。然而可惜的是，尽管包裹得极其严实，酒瓶还是在返程的途中碎了。

在维多利亚时代，人们开始否定“葡萄酒有益健康”的说法，这点并不奇怪。当时社会上兴起了戒酒协会，这些人问道：“葡萄酒有益健康的证据到底在哪里？”科学思想已经流行，人们认为葡萄酒对身体有益的说法很大程度上是编造的。人们开始研究过分沉溺于酒精的后果，酗酒也第一次被定义为一种疾病。直到现在，一系列的科学证据表明，葡萄酒具有促进健康的功能，全世界的葡萄酒爱好者们终于从那个阴郁的时代走了出来。

正如美国人了解到的那样，葡萄酒最广为人知的好处是预防心脏病。酒精的摄入能帮助提高血管中高密度脂蛋白（HDL，所谓的“好”胆固醇）的含量，这种物质具有抗凝结的作用。红葡萄酒更是如此，皆因酒中含有一种叫作白藜芦醇（resveratrol）的分子。白藜芦醇存在于葡萄皮中，是预防真菌感染的天然保护伞，被当作红葡萄酒中的灵丹妙药。实验室研究发现，白藜芦醇对健康有很多让人惊讶的好处，包括降低血压、稀释血液以及预防癌症。

适度饮用葡萄酒还对糖尿病、胃溃疡和贫血患者有帮助。1998年的一项研究显示，与不喝酒的人相比，适当饮用葡萄酒的人群更加不易受黄斑病变影响而导致失明。

葡萄酒不含脂肪，当然这并不意味着它不含热量。葡萄酒热量丰富，且大部分为酒精所赐，因而减肥人士不宜饮用。

葡萄酒中还蕴含身体所需的各种维生素和矿物质，包括钙和钾。一首著名的法国饮酒歌中有这样一句歌词“La vitamine comme ca”（我们就这样补充维生素）。人们一边唱，一边大口喝酒。

在美国，政府认为生产商应当在葡萄酒的商标上注明警示语，建议孕妇和操作机械的人士不要饮酒。新西兰政府亦在考虑采取类似的立场。

与此同时，由于相信适量饮用葡萄酒能对健康产生积极影响，新西兰的几家生产商对商标上的文字进行了一番修饰，突出了酒的健康作用。典型的代表是位于坎特伯雷的飞马湾酒庄（Pegasus Bay），该酒庄的每一份品酒提示上都印着："葡萄酒是天然的健康饮品。"也许有一天，我们会看到各家葡萄酒酒吧的大门上挂着官方告示："推开大门，拥抱健康。"

口碑

你可以称一款葡萄酒为红酒，干型，口感强劲，令人愉悦。在那之后，你可要小心……

——金斯利·艾米斯（Kingsley Aims）

在我书桌底层的抽屉里有一个文件夹，里面装着一部小说粗略的大纲，书名暂定为《葡萄酒作家》（*The Wine Writer*）。故事的主人公是一位收入微薄的报刊撰稿人，一个糟糕的醉汉，准备为他工作的地方日报撰写葡萄酒专栏。结果，他嗅觉极佳，出乎大家意料的是，他振作了起来，开始认真对待自己的新工作。

一夜之间，当地的葡萄酒生产商开始对他毕恭毕敬，他的影响力与日俱增。当地有一位法国酿酒师，他的妻子很漂亮但不安分，酿酒师心中有一个罪恶的秘密……好了好了，我已经告诉你们太多了。

最初，这部小说只是我在品酒会上匆匆记下的一些想法。品酒会这样的活动总是提醒我，葡萄酒写作是多么奇妙而有趣的事情。这些活动总是抛出一块又一块的黄金，闪烁着小说迷人的魅力。

比如几个月前，一位葡萄酒生产商举办了一场午宴，急切地想要将自己的酒推荐给一群惠灵顿当地的葡萄酒作家。午宴临近结束时，痛风成了在座人士的话题，几位上了点年纪的作家眉头紧皱。

“天哪，得了这病你就知道了。”其中一位说道，“疼起来就像针扎的一样。”几位年轻一些的作家看起来一脸关心，刚才的话犹如职业道路上的一片乌云，聚集在他们头顶，大家急切地想要知道原因。是喝多了霍克海湾红葡萄酒？还是喝多了澳洲顶级红葡萄酒？或者是胡吃海喝造成的？

“吃了太多扇贝。”一位上了年纪的作家点明道。

“我也一样。”另一位补充说。

我们都松了一口气，继续品尝口感深邃、酿造精良的霍克海湾西拉葡萄酒。

在英国葡萄酒作家杰西斯·罗宾逊看来，葡萄酒写作是一种寄生行为，但我们是一小群快乐的寄生虫。我们经常沉浸在一种感官享受之中，还能因此得到报酬。在大部分情况下，宿主们都极其愿意让我们依附其上。

在新西兰，葡萄酒媒体与行业之间的关系多半是友好的。也有人认为，这种关系也许过于友好，这种说法也不无道理。但是，人们不难发现这种友好关系的成因。这个国家批量生产高品质葡萄酒的历史只有25年左右。能在这么短的时间内取得如此惊人的进步，得益于生产商之间的合作精神和知识共享行为。

当一群新西兰人齐心协力在某一个领域取得国际性成就时，新西兰媒体会进行大规模宣传。而当国内拔尖的产品出现时，地方葡萄酒媒体也会不遗余力。（顺便提一下，人们常常认为，英国葡萄酒作家能取得卓越成功的一个原因是立场中立——英国并无具有影响力的地方葡萄酒产业。)

但是，新西兰人缺乏的是专业深度。葡萄酒写作在这里是一个年轻的专业，它在过去10年里迅速发展。在此期间，葡萄酒作家们并没有大量现成的知识和经验可以借鉴。

除了某些著名的专业人士，我们中大部分人都是兼职葡萄酒作家，通常本身既是记者，又是狂热的“amateurs de vin”（业余葡萄酒爱好者）。大家常常缠着编辑，直到他/她大发慈悲地给我们一块专栏。开始时，我们对自己的味觉有一定的信心，但我们必须边干边努力学习。要想讲述一款葡萄酒的故事，即使是泛泛而谈，你也需要了解并真正懂得葡萄园和酿酒厂里的情况。

我开始从事葡萄酒写作的一个原因是它为我提供了学习的机会。在我40岁生日时，我立誓每年都要尝试一些新鲜事物。这些事物必须能锻炼心智，让我在自我提升方面做些小小的冒险。下定决心后，我尝试的第一件事是参加维多利亚大学的汉语课程。由于“汉字”一词与“性格”一词在英语中完全一样，可以说，这次学习真是一次性格磨炼。不过，我现在只记得很少的几个汉字了。第二年，惠灵顿的艺术娱乐周刊《首都时代》（*Capital Times*）给了我一块葡萄酒专栏。7年来，写专栏一直被当作每年要尝试的“新鲜事物”，我一直告诉自己，还有很多东西要学。

一般来说，新西兰的葡萄酒写作对揭发行业丑闻的新闻调查没什么帮助。但相关的调查报道并没有完全从人们的视线中消失。几年前，《倾听者》（*Listener*）的专栏作家基思·斯图尔特报道了一则震惊整个新西兰葡萄酒行业的新闻。事情发生两年后，他发现了相关记录，证明位于西奥克兰的库伯斯溪酒庄（Cooper's Creek）曾生产并销售与商标不符的葡萄酒。根据新西兰的规定，单一品种葡萄酒（只以一种葡萄名称命名的葡萄酒）中该葡萄品种的含量至少要达到75%。然而，在库伯斯溪酒庄为英国乐购超市供应的一款“乐购新西兰霞多丽”葡萄酒中，霞多丽的含量远远低于规定标准。酿造记录显示，乐购出售的这款被指定为“最终目的地”的葡萄酒，大量使用了米勒-图高（Muller Thurgau）、莎斯拉（Chasselas）和多种其他葡萄，而5000箱霞多丽葡萄根本不可能使葡萄酒达到法律规定的标准含量。

这一事件引发了大量相关的新闻报道，不仅使库伯斯溪酒庄及其酿酒团队感到十分尴尬，乐购也是如此，他们曾在这批酒酿造时派出过一名“国际质量标准检查员”。该事件表明，这个行业是多么依赖自我监管。斯图尔特觉得他别无选择，只能将事件报道出来，但同时也感到很难过。他知道葡萄酒行业里大部分人的诚信是无可非议的。他特别同情“所有心怀梦想的小人物”，因为大企业的违法行为，可能会使他们的努力付之东流。

曾经有人对我说："你从不写你品鉴过的葡萄酒的缺点。"大部分情况下，确实如此。我乐于向人们推荐我喜欢的酒，而不是列举让我失望的酒。那些味道令人不快的酒则不做评论，但如今几乎没有哪款新西兰葡萄酒是属于这个类别的。

我总是怀着尊重的态度去品鉴每一款葡萄酒。大部分情况下，每一瓶酒都凝结着酿酒师的心血。我很难想象这世上有不和酿酒师打交道的葡萄酒作家，葡萄酒理所当然地成了社交润滑剂，双方自然而然就建立了友谊。或许酿酒师曾在酒窖里像介绍自己的孩子一样向你描述他所酿的葡萄酒，但在品鉴他的酒时，你必须忘掉一切。

为了保持客观中立，很多葡萄酒作家喜欢对送来的酒进行盲品。一年中总有些时候，我家门前堆放着源源不断地送来的包裹酒瓶的雪白的泡沫板。要是将所有的酒评都发表，专栏就会像一张乏味的购物清单，缺乏信息丰富、生动有趣的故事。但我一定会对送来的所有的酒进行品尝，再在专门的笔记中记下品尝结果。对于一位葡萄酒作家来说，这种记录是必不可少的。

我们用来描述每款葡萄酒的文字经常被人拿来开玩笑。最典型的一句话是："你在写酒评时是不是已经喝得酩酊大醉了？"问题在于我们总是在搜寻那些根本不存在的词语。对于葡萄酒的任何文字描述，都只能向读者传递酒的真实面貌——它的香气、口感和质地。

遇到长相思这类口感较为单一的品种，酒评读起来就会让人难以捉摸。"其果香馥郁，具有清新、强劲以及成熟的草本风味，口感细腻、纯净，余味顺滑。"这是从一本新西兰葡萄酒书籍上随意摘取的一段描述。可以说，很多用长相思酿造的酒都能与其对号入座。一款葡萄酒的个性和独特魅力只有通过品尝才能体会。

香气和口感都是极难用文字表达的，就像颜色一样。你该如何向别人形容红色呢？你难免要将它比喻成其他事物，比如口红、消防车或者新西兰圣诞花。同样，酒评和品酒笔记中也经常充满各种隐喻和明喻。

需要指出的是，很多时候，“比喻”一词其实并不恰当。葡萄酒是口感最为复杂的食品之一，蕴含着成千上万的风味物质，而其中很多风味与其他食物或植物是相同的。如果你觉得自己在一款酒里闻到了黑橄榄的味道，那么，你的感觉也许是对的，因为两者的化学成分可能是相同的。

用语言将这些味道描述出来也很难。嗅觉不同于其他感觉，鼻子要辨认出一种气味需要的远不止语言描述。我们能立刻辨认出一种熟知的味道，比如童年的味道就很容易唤起人们的回忆。对我来说，一片新割过的草坪的味道总能勾起一连串在阳光灿烂的周六与家人共度美好时光的记忆。

但是，仅仅只有文字提示那就另当别论了。如果有人在向你描述一段音乐时说它非常像《碟中谍》的主题曲，你马上就非常清楚他们的意思。视觉形象也是如此。若是有人告诉你某人长得像迈克尔·杰克逊，你就知道那人骨瘦如柴、面色苍白、留着一头黑色长发，还长着一个奇怪的鼻子。然而，如果有人告诉你，某种味道闻起来像煮过的白菜，那么，即使你在生活中闻过很多次，或许你也只能唤起一丝模糊的感觉记忆。

相同的情形如果发生在英国，或许很快就会显得无关紧要。在那里，葡萄酒作家已经成了“稀缺物种”。很多报纸和杂志都彻底放弃了葡萄酒专栏，继续开设的那些发行量也不如从前。十几年前，英国的电视上还有好几档葡萄酒节目，如今一个也没剩下。

造成这种局面的原因之一便是广告，或者说是广告缺失。媒体行业的会计对能产生广告收益的新闻报道十分敏感，这也就解释了为什么每家报纸都有汽车专栏。葡萄酒企业不会在广告上投入大笔资金，与此同时，在大部分国家里，酒类广告要么被限制，要么被禁止。

没有遭受影响的一类葡萄酒资讯是买家指南。消费者似乎很热衷于了解别人的观点，比如什么酒时髦，什么酒便宜。价格是葡萄酒作家要传递的一个关键信息。读者需要明白，如果购买一瓶好评如潮的酒，钱包也会很受伤。与艺术品和珠宝一样，葡萄酒是集时尚、势利、稀缺、“专家意见”、投资、主观喜好以及大笔金钱于一身的产品，这些因素有时会导致价格扭曲。

一瓶葡萄酒的价格定为100美元的原因有很多，而一个潜在的原因可能是某地的某位消费者愿意支付这笔费用。然而有一点可以确定：这瓶酒并不会比20美元一瓶的好酒好上5倍。酒的价格越高，品质差异就越小，“获奖葡萄酒综合征”的作用就越大。实际上，你的额外开支都花在见到的葡萄酒商标上了。

只花费15—20美元，你也能喝到非常好的葡萄酒。喝酒本来就是一种负担得起的快乐。尽管是老生常谈，但我还会不厌其烦地引用这句话："你喜欢的葡萄酒才是好酒。"

这款酒能打多少分？

我完全不在乎，你家族的历史可以追溯到独立战争之前，并且你拥有我无法想象的财富。只要你的葡萄酒不好，我就会直说。

——小罗伯特·帕克（Jr. Robert Parker）

不起眼的马里兰州芒克顿市住着一位在葡萄酒界最具影响力的人物。大多数早晨，小罗伯特·帕克会走进自己的办公室，撵走那只老拉布拉多，然后开始品尝葡萄酒。

尽管长期以来法国葡萄酒对他有着特别的吸引力，但帕克会品尝包括新西兰在内的来自世界各地的佳酿。帕克自己倒酒，站着品尝，他说这样能使他保持专注。他会把对酒的印象写下来，或者录在一台小型磁带录音机上。帕克每年用百分制为品尝过的1万款葡萄酒一一打分。

帕克因成功地预测了1982年份波尔多葡萄酒的卓越品质而一举成名。当时，他与主流观点相反，坚称1982年份的波尔多葡萄酒会脱颖而出，结果证明他是对的。从那以后，帕克给葡萄酒的评分就有了非凡的意义。对全世界大批葡萄酒消费者来说，他的评分就是真理。因此，帕克给出的高分是生产商们最好的营销工具，而低分则意味着完蛋。

帕克的味觉总是能保持高度的一致和准确，同时，他为人独立、廉洁，对此无人质疑。帕克从不接受免费的样品，在任何地方消费都自己付钱。他不从事葡萄酒期货投资，也很少与生产商来往。然而，对法国葡萄酒企业，尤其是位于波尔多和勃艮第产区的企业来说，帕克就是美国的撒旦。他给葡萄酒打出的分数威力惊人，很多法国生产商对此敢怒而不敢言，甚至开始酿造符合他口味的葡萄酒。

帕克青睐的葡萄酒酒体厚实、色泽深邃、果汁与酒精含量高。他承认，自己钟爱罗纳河南岸的红葡萄酒。那些波尔多地区的老派守护者一直坚称，精致、细腻是他们的专长，葡萄酒要经过几十年的时间才能确立自己的地位，而一个外人来确立标准，想想就让人厌恶。在波尔多一家被帕克打过低分的酒庄，这位美国人遭到一只狗的攻击，主人却站在一旁无动于衷。

“帕克是个非常戏剧化的人，有着非常夸张的品位。”一位有影响力的波尔多葡萄酒生产商在最近的一次采访中说道，“但我们酿造的应当是红葡萄酒，而不是黑葡萄酒。我再也不会读他写的东西了。他想要带领我们走向毁灭。”

帕克没把这些放在心上。以他美国小镇式的低调处世风格，他并不希望自己引发这类争论。但他也承认，自己是一个坦率的酒评人，葡萄酒行业充斥着虚伪、神秘感甚至胡说八道，而他打破了这个行业的传统。

遗憾的是，也许日后被人们记住的并不是帕克出色的味觉和正直的为人，而是他工作中最有局限、最不完美、也是最尴尬的一面：他的评分体系。

在帕克的评分体系出现之前，葡萄酒大赛的评委和酒评家们都是为葡萄酒评级（一般采用没那么残忍的1—5星的评级方式），但是帕克第一个采用了百分制。他的成功使得这种评分体系迅速传播，如今所有人都用百分制为葡萄酒评分。

每年，我都会召集一个品鉴小组前往怀拉拉帕产区（Wairarapa）参加各大酒庄的春季发布会。我们盲品大约100款葡萄酒，用20分制为每款酒打分，酒评和分数会被编辑发表。这项活动非常有趣，它使我第一时间对当地葡萄酒产区酿制的酒有了全面、快速地了解。该产区的酒口味适中，很符合我的品位。为了避免味觉疲劳，我们4天里每天品尝大约25款葡萄酒。有些葡萄酒大赛的评委一天会品尝超过100款酒，在我看来，这可不是什么愉快的品酒经历。

怀拉拉帕产区的葡萄酒品鉴会什么都好，只有一点让人感到困扰：为每款酒标上一个分数。这简直是胡来，大多数酒评人对此感到担忧。葡萄酒之所以让大家都愿意聊、愿意写，其中一个原因便是其具有优雅微妙、难以捉摸的本质。葡萄酒无法予以精确评定，而数字本身就是精确的标志。有一句古老的拉丁谚语这样说道："De gustibus solum est disputandum"（只有味道值得人们争论）。当人们用数字来为味道打分时，这个道理很快就被抛到了一边。

味觉必然是一种主观的感觉。一个人评出的5星葡萄酒可能在另一个人尝起来最多只有3星。在我带领的评鉴小组里，有经验的品酒师之间也存在强烈的分歧。当大家的意见出现不一致时，事情就会变得很麻烦。众人的打分被平均之后，得出的结果可能与一款酒的品质完全不符。遇到小罗伯特·帕克这样的独立酒评人，你至少可以想想，自己是否同意他的口感，接受他的打分。

如何保持打分的一致性也是难题之一。个人的心境会受情绪、周围环境和同伴的影响，这将在很大程度上决定你对一款酒的打分。如果间隔几天再品尝同一款酒，便有可能打出完全不同的分数。

一次品尝一大排葡萄酒也很困难。此时那些酒体厚实、口感夸张的酒便会脱颖而出，获得评审的注意，尤其是当他们的味觉逐渐疲劳时。细腻是葡萄酒的优点，但在这样的场合下，该品质通常不能为酒加分。

此外，分数会带来不合理的影响，帕克便是一个极端的例子。但每次无论哪位酒评人公布一款酒的分数，都会影响别人对这款酒的看法。那么，我们为什么还要给葡萄酒打分呢？皆因很多饮酒人士对喝葡萄酒没有信心，他们需要让自己放心并且找到有形的标准来指导自己喝酒，而分数简单易懂。因此，那些有葡萄酒评分的刊物卖得很好。

帕克很清楚，自己帮助制定了恶魔一般的评分标准，但他并不懊悔。他把自己看成一个单纯的消费者权益维护者，一个有想法并且敢于表达的人。为了防止最坏的情况出现，几年前他便花100万美元为自己的鼻子投了保。

时尚的葡萄酒，腾飞的新西兰

新西兰可能只生产了全球0.79%的葡萄酒，却奇迹般地让英国人愿意花5个多英镑买一瓶它的酒。

——蒂姆·阿特金（Tim Atkin），

《观察者报》（*The Observer*）

1905年，一支新西兰橄榄球队俘获了英国人的心。这支球队技术娴熟，训练比赛异常投入，队员个个散发着质朴自然的魅力。7个月的巡回赛结束后，大洋彼岸的新西兰人成了英国人的宠儿。随后，新西兰建立了自己的品牌：全黑队。[1]

1982年，一群马尔堡酿酒师带着新酿制的长相思登上了飞往伦敦的飞机，他们对这批酒非常满意。与1905年一样，新西兰人再次征服了英国人的心，只是这一次用的是葡萄酒。在一场主要由葡萄酒商人和英国有影响力的葡萄酒媒体代表参加的品酒会上，纯朴的新西兰人和他们纯净的葡萄酒赢

① 全黑队（All Blacks），新西兰国家橄榄球队。——译者注

得了人心。习惯了保守、让人腻烦的欧洲生产商举办的品酒会，客人们从新西兰馆出来后充满了新鲜感。

大约150年前，英国公使詹姆斯·巴斯比酿出了新西兰的第一款葡萄酒，近一个半世纪之后的1982年，在伦敦举办的这场品酒会如同火花，点燃了新西兰葡萄酒在全球兴起的烈焰。

新西兰葡萄酒也曾有过短暂的辉煌时光。法国作家、葡萄酒鉴赏家安德烈·西蒙在1964年访问新西兰时发表的评说便是佐证。在同时品尝了麦克唐纳霍克斯湾1949年份的赤霞珠和玛歌酒庄同一年份的葡萄酒之后，西蒙指出："与玛歌酒庄的酒相比，新西兰同一年份的酒并不逊色。"他认为，这款当地的葡萄酒"是新西兰能够提供高品质的上等葡萄酒罕见却又确凿的证据"。

到了20世纪80年代中期，英国市场对马尔堡长相思的钟爱近乎宗教狂热。新西兰人赶上了好时代。多年来，英国的低度白葡萄酒饮用者受够了口感寡淡的法国麝香白葡萄酒和意大利弗兰卡蒂（Frascatis）白葡萄酒。马尔堡突然为他们提供了一款让人喜欢并且价格公道的新葡萄酒，这种体验在当时可是绝无仅有的。

好运气加上好设计，使得马尔堡长相思成了市场上的一款资深名酒。不知不觉间，在几大主要市场上，新西兰已将长相思这一全球经典的葡萄品种据于手中。其中一个主要原因是，新世界的生产商大多习惯用酿酒的葡萄品种来给酒命名。在长相思的老家，卢瓦尔河谷的桑塞尔产区和普伊-富美产区，长相思不叫长相思，而是被称作桑塞尔和普伊-富美。这点只有葡萄酒达人才知道，可想而知，大部分英语国家市场上喜欢长相思的消费者并不知情。他们只知道自己喜欢长相思，而新西兰的长相思是最好的。就这样，新西兰长相思葡萄酒的生产商幸运地避开了与最强的潜在竞争对手的正面交锋。

马尔堡长相思催生了一批别具个性的葡萄酒品牌。其中，典型代表有云雾之湾（Cloudy Bay）。它使人遐想的名字源自17世纪库克船长所命名的酒庄附近的海湾。此外，在上乘的品质支撑下，该酒引发了狂热的追捧。如今，它早已跻身全球最负盛名的葡萄酒之列。

新西兰葡萄酒业的崛起带来了令人眼花缭乱而又近乎蛮横的成功与发展。从1987年开始，每年平均会诞生20 座酒庄。全国葡萄园种植面积已达1.8万公顷，是1982年的近4倍。马尔堡的怀劳平原如今基本摒弃了畜牧业，而一心专注于葡萄栽培。

新西兰人对葡萄酒的消费量与20年前大致相同，于是，越来越多用这些品种酿造的葡萄酒被销往海外（在新西兰超市里，货架上的大部分进口葡萄酒来自澳大利亚，而本土酒业明智地选择了专门生产更具特色的产品）。

2004年，新西兰葡萄酒出口量达到3 100万公升，而在1982年，这一数字仅为50万公升。在国际上获得喜爱、赞扬乃至在竞争中获得成功已是轻而易举之事。如今，葡萄酒行业已成为新西兰民族自豪感和满足感的源泉。乔治·菲斯东尼奇是新西兰葡萄酒生产商的先驱，同时也是新西兰最大的家族酒庄——新玛利酒庄（Villa Maria）的创始人。2005年，他被授予了国家最高荣誉之一的新西兰功绩勋章，此举得到了普遍的赞许与认同。

还有些细枝末节让我想起了新西兰葡萄酒在全球市场上的重要地位。不久前，我读了普利策奖获得者、小说家理查德·福特在《纽约客》杂志上发表的一篇短篇小说。小说中，福特笔下最著名的人物，房地产经纪人弗兰克·巴斯康姆[该人物出现在《体育作家》（*The Sports-Writer*）和《独立日》（*Independence Day*）中]与客户在午餐时享用了一瓶“新西兰琼瑶浆”。巴斯康姆虽是虚构的人物，但这一情节却体现了世界对新西兰葡萄酒的极大认可。

我在访问其他葡萄酒生产国时，也明显体会到了新西兰葡萄酒的这种新地位。我曾坐在匈牙利的一间酒窖里品尝葡萄酒，一个瘦削的匈牙利马扎尔人坐在桌子的另一头，我注意到他向我投来委屈、责难的目光。最终，他忍不住脱口而出："你们新西兰人！你们的长相思！到底是怎么回事？"

我明白他的困惑。几个世纪以来，他与先辈们在同一片土地上酿酒。时光流转，他的家族掌握了每一寸土地、每一棵葡萄藤中蕴含的奥秘。然而，当市场为新西兰葡萄酒一路开绿灯时，他却难以将自己精心酿造的酒卖出去。怀揣新西兰人想要调节气氛的纯真与直率，我急忙回答道："好吧，情况可能说变就变。现在新西兰到处都在谈论灰皮诺。"这番回答似乎只会让他的烦恼雪上加霜。

几年后，我去了德国莱茵高地区弗朗茨·米歇尔博士漂亮的家中，在他家的露台上喝茶。在伸向莱茵河边的山坡上，他的几个小孙子正在葡萄园里玩耍。这位前任德国葡萄酒协会主席冲我做了个鬼脸。“20年前，我去过一次新西兰。”他说道，“在短暂停留的那几天里，我一直在法庭里与人打官司。蒙大拿酒庄将他们的一款酒命名为卡斯特勒（Bernkästler）雷司令，与我们卡斯特勒-巴斯图园（Bernkästler-Badstube）的雷司令相似，我们必须予以制止。但是……从那以后，变化可真大，对吗？”

的确，情况确实可能会迅速发生变化。就像我们常常听说的，葡萄酒常常受惠于兴起的时尚。白葡萄酒的情况更是如此，它们是独立经营的时尚酒吧中和在派对中开怀畅饮时的最佳选择。

长相思的出口量占新西兰葡萄酒出口总量的2/3，这一情况常常引起国内葡萄酒界的讨论。长相思的市场泡沫一旦破裂，后果将非常可怕。人们认为，实现葡萄酒种类的多样化，并积极推销其他品种，才是保证新西兰葡萄酒行业持续发展的明智之举。

然而，如果说长相思的成功主要依赖流行的力量，那长达20年的流行期也足以让人羡慕不已了。在此期间，长相思并没有只顾自己一枝独秀，它的炙手可热反而引发了人们对新西兰其他品种的葡萄酒的兴趣。20世纪80年代后期，高品质的波尔多混酿和西拉开始在霍克斯湾兴起。再往南，马丁堡产区首次生产了黑皮诺。若不是人们对长相思的这股狂热之情，这些上等红葡萄酒以及新西兰每年出口的350万升霞多丽也许不会如此热销。

蒙大拿的林道尔（Lindauer）起泡葡萄酒也证明，除了长相思之外，其他新西兰葡萄酒也有大受欢迎的可能。1981年，蒙大拿在首次酿造出林道尔时赌了一把：他们用传统香槟酿造法酿制了这款酒，但定价却是在利润空间的下限。最初的销售情况并不十分理想。但到了1990年，这款酒在伦敦葡萄酒挑战赛上摘得了年度最佳国际起泡葡萄酒的桂冠，一切便发生了改变。

如今，林道尔葡萄酒每年的产量是400万瓶，其中在英国能卖出100万瓶。这款酒在英国甚至比在新西兰还要有名，每瓶的价格很少低于8英镑（21新西兰元）。在新西兰，超市消费者每年12月花在购买林道尔葡萄酒上的钱超过了其他任何一款葡萄酒。这款酒成了新西兰葡萄酒中无论何时都最为畅销的单品。

新西兰如此擅长生产葡萄酒的原因何在？摊开地图，将新西兰与欧洲各自的葡萄酒产区所处的纬度进行对比并没有什么意义，尽管这是20世纪70年代人们讨论的话题。举例来说，从葡萄栽培的角度来看，中奥塔哥地区已处于“边缘地带”。然而，如果将德国莱茵高产区所处的纬度位置对应到南半球，那么这一产区将处在严寒的安蒂波德斯岛的位置，距离布拉夫港口东南方向643公里。新西兰与欧洲的气候类型不同，比如墨西哥湾流会穿过大西洋流向欧洲，进而影响欧洲产区的气候，因此，对两地产区之间纬度位置的比较毫无意义。

气候是新西兰最重要的自然属性，同时也是它的海鲜美味无比的原因所在。如果你尝过从热带地区捕到的鱼，你就会发现，这里的鱼肉很少有温带鱼类那种浓郁、鲜活的滋味。在高温之下，任何生命都可能渐渐枯竭。葡萄当然需要阳光才能成熟，但太强的日照会破坏葡萄的酸度，提高糖分的含量。用这样的葡萄酿出的酒会显得酒体肥大、口感浓重、结构失衡，酒精度虽高却有失葡萄酒的优雅与细腻。

新西兰凉爽的气候绝不会把葡萄中的水分晒干，在有些年份里，很多品种甚至很难成熟。但是大部分时候，这种气候下结出的葡萄能酿出风味深邃、口感细腻的酒。对法国人来说，我们的葡萄酒果香太重；但在伦敦、悉尼或者纽约新一代年轻的葡萄酒爱好者尝来，新西兰葡萄酒清爽明快，韵味无穷。

新西兰葡萄酒的好口碑主要归功于众多小型手工生产商。在国际葡萄酒市场上，新西兰聪明地将自己定位于国际市场的高端葡萄酒之列。在出口葡萄酒的国家中，新西兰每公升葡萄酒创造的价值是最高的。

新西兰另一笔最大的财富是人。与众多欧洲生产商不同，我们的酿酒师并没有从祖先那里继承土地和手艺，而是选择了追逐梦想。很多人为自己的事业倾注了一大笔投资，因而格外渴望获得成功。这一切促使他们去掌握所能得到的知识，并尽其所能酿造出最好的葡萄酒。

20世纪80年代早期，新西兰人便是这样不遗余力地去追寻自己的梦想。新西兰流传着一个“橡胶靴克隆”的传奇故事。20世纪70年代中期的一天，奥克兰机场的海关在一位回国人员的橡皮靴里发现了一株葡萄藤插枝。这株插枝——或者用葡萄酒专业语言来说即“克隆葡萄藤”——在海关那里遇到了对的人。那天值班的工作人员是马尔科姆·艾贝尔，那些日子他正利用空闲时间在亨德森开辟一片葡萄园。艾贝尔对在橡皮靴里发现的这株插枝非常感兴趣，他盘问了那位试图带它入关的男子，得知这是一株黑皮诺克隆藤，并且来头不小。它来自勃艮第产区著名的拉塔希园，是那位男子爬过一堵石墙后才采割到的。

根据法律规定，这株克隆藤被没收了。但它却神秘地躲过了检疫，转而被艾贝尔栽种到了他在亨德森的葡萄园里，并成功地繁殖开来。艾贝尔于1981年过早地去世了，但去世前他就已经将一株插枝交给了自己的朋友克利夫·佩顿。佩顿当时正在适宜黑皮诺生长的马丁堡地区创建新天地酒庄（Ata Rangi Winery）。

将不同的克隆藤混杂对培植品质一流的黑皮诺很重要。新天地酒庄闻名于世的黑皮诺便含有1/3橡皮靴克隆藤的成分。如今，这种黑皮诺在整个马丁堡产区广泛种植，并且正在向南岛的黑皮诺产区推广。

这是新西兰葡萄酒生产商之间亲密合作的一个好例子。另一个例子是他们之间的互赠美酒品尝。每年新酒酿成之后，奥塔哥产区的黑皮诺葡萄酒产商会将样品送给马丁堡产区的同行。这些同行会聚在一起品尝新酒，随后再回赠对方自己的佳酿。这是一种集体主义精神，而旧世界即便有过这种精神，也早在几百年前就丢失了。

如今，新西兰葡萄酒产业的开拓期已经结束。很多生产商在过去20年里变得富有起来。葡萄酒产业成了经济的发电机，照亮了大片迄今仍然僻静，甚至个别地方还有些萧条的偏远乡村。然而，在这些地区，不是人人都喜爱葡萄这一新的作物。2003年，为了抗击霜冻，马丁堡产区的葡萄酒生产商们一晚上动用了20架直升机。当地居民联合签署了一份请愿书，抗议直升机带来的噪声。然而，即使是这些愤愤不平的居民也无法质疑的事实是：葡萄酒产业雇用了成千上万的劳动力，并且在很多情况下还让他们的土地价格涨到了天文数字。

葡萄酒的产业经济远远延伸到了产区之外的地方。在惠灵顿，约翰·福拉斯以为数百位客户藏酒为生，他严格按标准建造的酒窖就位于城市的中心。一位在伦敦的新西兰年轻人马丁·布朗创建了“觅酒者”网站（www.wine-searcher.com），并使该网站跻身互联网访问量最大的葡萄酒网站之列。

如今，新西兰具备了葡萄酒文化。尽管这种文化的地位随着时间的推移会更加巩固，但它依然使现在的我们异常兴奋和敬畏。我们始终在促进它的发展，沉溺于它的美妙，忧心它的未来，同时令它的内涵更加多样化。参加在惠灵顿举办的2004年黑皮诺大会时，英国葡萄酒商人贾斯帕·莫里斯说道：“新西兰（葡萄酒人）对一切太过忧心了。担忧越少、心态越放松，越能自然而然地酿造出绝佳的新西兰黑皮诺。你们必须顺其自然，勇于对一切不做任何改变。”

毫无疑问，随着新西兰人对葡萄酒的这股兴奋感与新奇感逐渐淡去，莫里斯的期待必然会成为现实。我们将学会更加平静地与葡萄酒相处。然而，让人漠不关心、无动于衷的确很难。葡萄酒将永远受到人们的赞美。葡萄酒令人愉悦的种种奇方妙法，使人与他方众生和土地息息相通的神奇力量，还有酿造中点石成金的无穷手段，都让世人无法在它面前缄默不语。

致　谢

在我写这本书的过程中，很多人给予了我帮助。在此，我向他们表示衷心的感谢。感谢恩瓦卡瓦卡酒庄（Nga Waka Vineyard）的罗杰·帕金森（Roger Parkinson）在技术知识方面为我提供了大量帮助。基思·斯图尔特也花时间阅读了此书的原稿并提出了宝贵意见。最后要感谢我的妻子罗拉（Rolla），她给予了我全方位的支持。

参考文献

Michael Cooper, *Wine Atlas of New Zealand* (Hodder Moa Beckett, 2002);

Hugh Johnson, *The Story of Wine* (Mitchell Beazley, 1989);

Hugh Johnson, *Wine* (Mitchell Beazley, 1974);

A.J. Liebling, *Between Meals: An Appetite For Paris* (Modern Library, 1959);

William Langewiesche, "The Million Dollar Nose", published in *The Best American Magazine Writing 2001* (PublicAffairs, 2001);

Jancis Robinson(ed.), *The Oxford Companion to*

Wine (Oxford University Press, 1994);

Edmund White, *The Flaneur: A Stroll Through the Paradoxes of Paris* (Bloomsbury, 2001).